關於小丑、柔身術演員、宮廷弄臣的短篇故事

惡作劇數學

THE MISCHIEF OF MATH

SHORT STORIES OF CLOWNS, CONTORTIONISTS, AND COURT-JESTERS

INAVAMSI ENAGANTI, NIVEDITA GANESH, BUD MISHRA

伊納瓦姆西・埃納甘提、妮維蒂塔・甘尼許、巴德・米什拉 ———著

亞歷山大・盧 Alexander Lu ———插畫

鄧景元 ———譯

推薦文

誰在惡作劇？顛覆思考直覺的數學、邏輯大冒險

傅皓政（中國文化大學哲學系、行銷系教授）

這是一本關於思考探險的書，目的在於解構你的理所當然，並讓你的思考能力值直線上升！

邏輯思考的有趣之處，就在於這個世界常常出現和我們一廂情願認為的「理所當然」不同的結果。一般人會認為這是反常的情況，殊不知在理性的思考中，這些才是應該出現的正常結果——關鍵就在於我們建構的思考，是憑藉直覺而來還是服膺於理性的思考能力？也就是說，一般人比較依賴直線式的思考，或者說一種頑固而不知變通的思考方式，因此在結果不如預期時經常會感到意外，想不通事情怎麼會變成這樣？但是，如果學會邏輯思考的細緻分析，你將會驚訝地發現這些結果一點也不意外，或者說本來就應該是這樣。這本書的出現，正是要透過細緻的邏輯思考與數學分析，大幅提升我們的理性思考能力，讓生活能夠符合你的預期。接下來，就讓我們展開這場思考探險的旅程！

「豬會飛嗎？」看到第一章的標題〈當豬會飛時〉，很多人應該都會啞然失笑，並且不屑地想：「這是什麼問題啊？太可笑了吧，誰都知道豬不會飛啊！還需要什麼研究？」有這個想法的人不妨回憶一下，在你熟悉每個規律之前，對於和這些規律相關的現象是否也充滿了疑惑和不解？沒錯，作者用了一個你覺得理所當然的例子作為出發點，展開了這趟科學探究之旅。更重要的是，我們要如何看待各種現象之間的關係？有時我們甚至會因為取樣的差異，陷入或然率與總量的盲點中而不自知。

我們正在做正確的事嗎？在第二章〈極端利他主義〉中，作者透過蝴蝶效應，以及未納入考慮的變量造成的影響，闡述了很多人天真的行為方式——之所以說是天真，就是因為結果出乎意料之外。為什麼會是意料之外呢？不外乎就是思考不夠周延。但要讓思考更加周延，其實是需要鍛鍊的，才能避免好心辦了壞事情。簡單來說，如果你不知道怎樣才能夠適切地幫助其他人，很可能會適得其

反；例如一直要失戀的人放下，或者是跟患有憂鬱症的人說一切都很好等等，似乎不見得是適切的方法。至於漫威當中出現的薩諾斯，他究竟是好人還是壞人？這也是一個值得深思的問題。薩諾斯為了能夠讓人類繁榮，因此選擇在資源有限的情況下，讓一半的人消失。對另一半的人來說，他們的確因為擁有了更豐沛的資源，過上更好的生活，但薩諾斯這樣的作為是恰當的嗎？各位讀者也不妨試著建立一些論證，來支持自己的觀點或立場。

在第六章〈終結永恆病毒〉中，談到疫情期間，世界各國都採取了不同的措施來防止疫情的擴散，尤其是封鎖措施讓很多國家吃盡了苦頭。為了要防止疫情的擴散，就得付出經濟衰退的代價。但是，這些經驗卻提供了一些寶貴的實驗結果，即「帕隆多悖論」的應用。在疫情期間，無論是嚴格執行封鎖或者是放任自由進出，都會導致災難性的後果。但奇妙的是，兩個策略的交互應用，卻能得到意想不到的結果，讓疫情的擴散控制和經濟成長能夠相容。這正是我們在思考上經常出現的盲點，也就是單一策略和混合策略的差異，這也提醒了我們一意孤行的危險性。

作者在第三部的第七章〈邏輯大爆炸〉中，呈現邏輯思考的微妙之處。一般人其實很難瞭解自己說話時產生的邏輯謬誤，從「訴諸無知的謬誤」、「因果連結的謬誤」到「稻草人攻擊」等等，其實就是在澄清很多人在自己說話或聽他人說話時，不知為何產生的邏輯謬誤。

更有趣的是，在第八章〈具體證據〉中作者用了一個簡單的實驗，來分析為什麼某些人會特別相信算命或相關預言：如果我先招募1024個人，把事件預言分成會發生與不會發生兩組，告訴其中一半該事件會發生，告訴另一半事件不會發生，接下來再把預言正確的組別留下，拆分成兩組，再用另一個事件的預言進行相同的步驟，各位不妨猜猜看，最後會發生什麼事？這之中之至少會有一個人覺得我的預測非常神準，居然連續十次的預言都成功應驗，真是太不可思議了！但其實我只是把人們拆分兩個組別，分別進行不同預言，而不是我真的有多厲害的預言能力。這些例子的確大大顛覆了我們原來的思考方式！

最後，如何才能理解「無限」的事物，一直是人類追求的目標。在第十一章〈無限及無限之外〉中，從「說謊者悖論」、「不動點定理」到「羅素悖論」等等，都是對人類邏輯思考的終極挑戰。讀者們一定可以透過這本書的引導，享受這些終極思考挑戰的樂趣！

是的，悖論之道即真理之道。

要檢驗現實，我們必須把它放在鋼索上觀察。

當真理變成雜技演員時，我們就可以對其做出評斷。

——*王爾德（Oscar Wilde）*

前言

多年後，我們當中會有人記得那個美麗春日的清晨時分——剛從一場怪夢醒來，夢裡自己裸身躺著，背上刺了奇異的字母和數字。此人趕緊寄了封電子郵件給各類專家，包括遺傳學家、生物資訊學家、流行病學家、免疫學家、病毒學家、數學家等，想知道夢中的刺青是否象徵某種與新冠肺炎病毒（Covid）相關的**人類白血球抗原**（HLA），其存在是否會決定患者是有症狀還是無症狀。幾乎沒人料到真相一直都這麼難以捉摸，在各種猜測、夢境、噩夢、陰謀論和假說之間擺盪不定，其中有些甚至連錯誤都稱不上。

接著有一個團隊出現，試圖透過最小可行實驗（以電腦模擬的方式）來證明這些假說的虛假不實。團隊成員就像是真理的雜技演員，小心翼翼地走在猜測的鋼索上。這個團隊明白，一如王爾德所言：「悖論之道即真理之道。要檢驗現實，（他們）必須把它放在鋼索上觀察。當真理變成雜技演員時，就可以對其做出評斷。」團隊最初被命名為**新冠報導**（Covfefe，每個時候每個人的新冠病毒），後來改名為**新冠處方**（RxCovea），並在尋求各種解決方案的過程中持續發展壯大。

新冠處方團隊在三個方面具有獨創性：它對那些基於政策制定者（宮廷弄臣）提供的數據資料和資訊所得出的表面真理，抱持著懷疑的態度；它試圖檢查那些陰謀論者（小丑）在社群媒體上宣傳的真相；它也設法檢驗那些連錯誤都稱不上的空話，以及由獨角獸企業家（柔身術演員，又稱軟骨功，多出現於雜技團和馬戲團節目中）資助並透過難以理解的偽科學所建構出的真相。這個團隊培訓年輕科學家，使他們成為解決問題高手，以應對不斷演變且沒完沒了的棘手問題（意即那些存在許多相互依賴因素而看似無法解決的問題）。

其中有兩名年輕學員和一名年長的導師認為，如果能將新冠處方的教學法重建在一個能廣泛運用的框架中就太好了，於是先撰寫了論文**干預方法的發明：疫情研究與控制中的數據資料驅動策略**（INVENTIONS OF INTERVENTIONS: Data Driven Strategies In Pandemic Research And Control））在《國家創新者研究院期刊》（*National Academy of Inventors Journal*）上發表，接著再出版成書——當你在喧鬧聲以及成群小丑、柔身術演員、宮廷弄臣的包圍中，準備要解決屬於你的棘手問題時，你手裡拿著的就是那本書。

希望你做得更好！

伊納瓦姆西、妮維蒂塔、巴德

目次

致謝

我們向那些先我們而來的人致以謝意，因為他們提供了堅實的肩膀讓我們站在上面。對於那些還活著的人，感謝你們給予支持而沒有觸發任何不良的蝴蝶效應。對於那些尚未出生的人，我們感激你們決定不發明時光機來終止我們的寫書冒險。

最要感謝的是我們的家人、朋友和傻瓜們。

第一部

靜謐深邃群島

1.1

當豬會飛時

第一批豬從海外抵達一座偏遠的島嶼

在地球上一個遙遠的地方，有一座數百年來與世隔絕的島國，島上的人們正為即將迎來的改變歡呼，因為他們的困擾很快就要結束了。新政權為了進行貿易和旅行，開放了島國的邊境。這國家千百年來一直與外界文化、飲食、商品、技術和思想隔絕，因此開放邊境意味著要為新思想和新變化的湧入做好準備。

此時世界上其他的國家正隨著科學的鴻圖快速前進著，而這個小國迫切想要迎頭趕上。年輕狂妄的唐恩是該國的傑出科學家，他和國內其他人一樣，從未見過這種被人稱作豬的粉紅色毛茸茸動物。在這片很正常但科學上已不復存在的土地上，我們的故事開始於一座古樸小農場新進口的一批豬。

根據國家規定，所有新進動物都必須注射一劑營養針，以幫助清除其體內的外來細菌和毒素。農夫們並不瞭解這些手續規則，因此向附近的研究實驗室尋求協助。

在實驗室裡，科學家們陷入了困境。他們剛接到來自農場的求助電話，請他們提供最合適的配方來淨化新引進的動物。標準配方的營養針會使骨骼變得更重、更強壯，但如果注射到飛行動物的體內，便會對該動物的飛行造成阻礙。於是，他們發明了一種專為飛行動物設計的特殊營養針，但它既然是特製的，價格自然高昂許多。現在的問題是，這種新來的動物，豬，是否會飛。

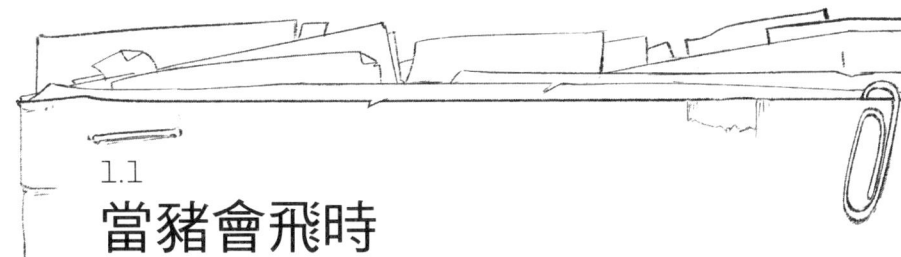

島上現存土生土長的生物一直都在那兒，這片土地上的人類向來都知道哪些動物會飛，哪些不會。但是這種神祕動物的引進引發了一個新問題：「如何判定一種動物是否會飛？」當然他們可以對這些動物進行足夠長時間的觀察，來驗證其究竟是會飛還是不會，但他們手

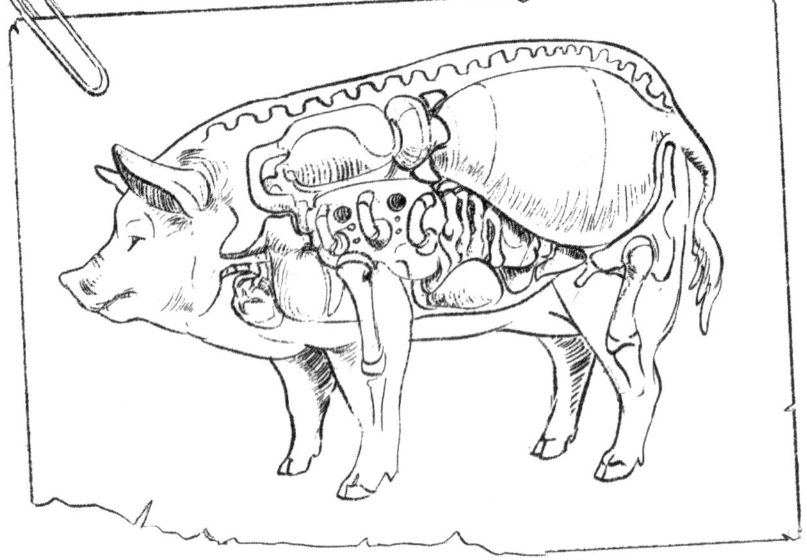

頭上沒有時間。

因此科學家們提取了一些常見動物的數據資料。他們觀察牛、狗、鴿子、貓、烏鴉、山羊、老鷹等多種動物，透過分析這些動物的生物特性得到了突破性的進展。他們設計了一種複合的**機器學習演算法**（machine learning algorithm），並迅速取得專利：如果動物的骨質密度低於某個閾值，那麼牠們就會飛。如果高於這個值，就不會飛。

*這是對**因果關係**（causal relation）的一種常見誤解。飛行動物有較低的骨質密度，而不是骨質密度較低的動物就會飛。*

身為領頭的研究員，唐恩親自監督了這項重要的創新研究。

「我真的不想犯錯。為了保險起見，我們徵求骨頭最密實的豬。如果最密實的豬骨頭低於這個閾值，那麼就可以推論牠們會飛。」唐恩傲慢地宣稱，他被自己錯誤的邏輯給說服了。

唐恩前往農場去挑選豬做為樣本。他叫來矮胖黝黑的鮑伯和白皙瘦高的奇普這兩位當地農夫，命令道：「給我弄些骨頭最密實的豬來。我需要把牠們帶回實驗室做些測試，然後才能給你們正確的營養針劑。」

滿臉困惑的鮑伯回答道：「可是哪些豬的骨頭最密實，我一點概念都沒有啊！」

唐恩回答：「把豬弄過來就是了；我們可以一起搞清楚。」

就在鮑伯準備把豬趕到一起時，奇普想起進口商有提醒他，現在是豬的交配季節，於是他插話說：「先生，現在是交配季節，公豬和母豬都送的話會搞得一團糟，還是決定一下是要送公豬還是母豬吧。」

那是個炎熱的豔陽天，唐恩汗流浹背，因此感到很沮喪。他原本以為這只是一趟小旅程，但面對這兩個頭腦不太靈光的農夫，他開始不確定了。唐恩需要密實的骨頭，而這兩個傢伙似乎毫無頭緒！當汗水順著他的臉頰流下時，他大喊道：「這可惡的太陽。」然後突然靈光乍現：「等等，太陽！鈣！曬黑！我是個天才呢！」

唐恩轉向農夫們說：「顏色較深的豬很可能接收到較多的陽光，因此骨骼中含有較多的鈣。去看看哪個性別的豬顏色較深，顏色較深的性別就是骨頭較密實的性別。我需要做個調查。鮑伯，你去東邊，然後告訴我，有多少公豬和母豬比你的手背顏色深。奇普，你去西邊，快點幫我算一下。」

一會兒之後，奇普回來了，氣喘吁吁的鮑伯落在後面，兩人手上都拿著他們的分析結果。鮑伯發現，27%的公豬顏色比他的手色深，而只有25%的母豬顏色比他的手色深。奇普則發現，53%的公豬和50%的母豬比他的手色深。因此，他們兩人都推論實驗室的候選者應該要從公豬中挑選。

然而，唐恩身為其中的科學家是有道理的，而正是這個時候，他選擇展現他的實力。他高傲地哼了一聲，說道：「做得好，但是以我的高階科學學位，我確實學到過一件事，那就是將測試結果彙總計算，會得出更佳的近似值。」

奇普和鮑伯互看對方，就好像他們共用一顆腦袋似的。聽了唐恩花俏的用語，他們認為他說的一定沒錯，於是兩人都點了點頭，感激能有這樣一位博學的指導人。

「好的，將數字加總後，我們可以看出有40%的母豬通過測試，以及37%的公豬通過了測試，結果是母豬明顯勝出！」

「這聽起來很奇怪。為什麼公的在兩項測試中都表現較好，但整體的表現卻是母的較好呢？」奇普問道，他認為自己一定是忽略了什麼。

唐恩又哼了一聲：「小奇普，你必須明白，數字是不會說謊的！我們是科學家，不是野蠻人，讓我們用邏輯來對付這個問題。去抓母豬就是了。」

但唐恩這個「簡單到不可能出錯」的邏輯肯定是出了什麼錯。仔細檢查下表中的數字就知道為什麼：

	母的	公的
測試一：鮑伯 顏色比手色深	25% (10/40)	**27%** (16/60)
測試二：奇普 顏色比手色深	50% (30/60)	**53%** (21/40)
	40% **(40/100)**	37% (37/100)

儘管兩個測試得出的結論都是膚色較深的公豬比較多，但表中顯示，加總後看起來卻是膚色較深的母豬比較多。發生這種情況的原因是，豬的性別比例不一地被分配到每個測試中，也就是說，在每個測試中的公豬、母豬數量並不相同（40或60）。而鮑伯得出的「顏色比手色深的豬」比例較低，原因是他曬得比奇普黑多了，因此他那組豬接受的測試更嚴格。

*典型的**辛普森悖論**（Simpson's paradox）！*

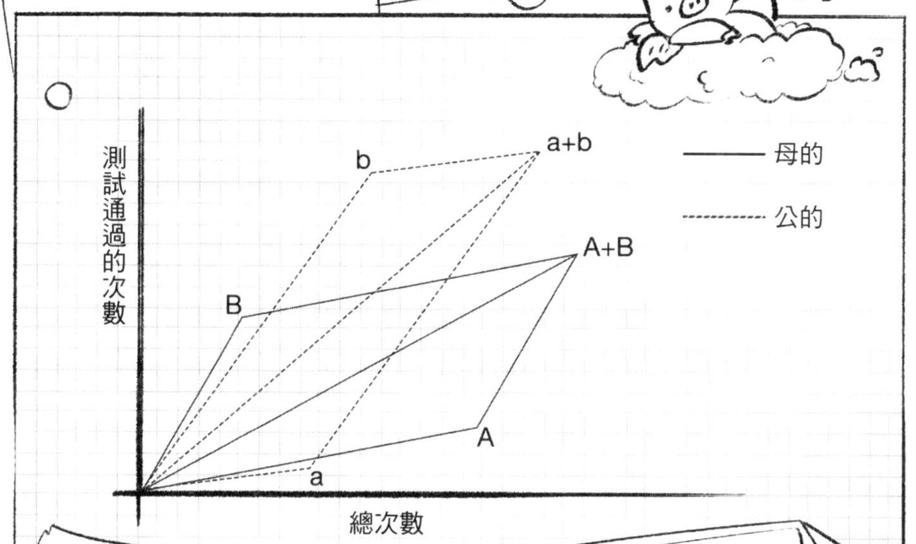

***辛普森悖論**背後的直覺：這是關於測試總次數與測試通過的次數兩者之間的關係圖。與 x 軸的夾角越大，通過率越大。儘管個別來看公的（實線）在 A-a 組（測試一）和 B-b 組（測試二）中皆表現較佳，但合起來我們發現母的（虛線）顯得表現較佳。*

既然已經選定所需的性別，唐恩宣布，他們會找出骨頭最密實的母豬送去研究實驗室。嗯，他當然可以四處走走、設法比較每隻豬，再把最重的找出來，但那樣會太花時間。回想胖胖的鮑伯在奇普後頭跑回來後，便精疲力竭地躺在角落，唐恩推斷，骨頭最密實的豬會比較重，因此速度也比較慢。

較重的豬可能只是脂肪較多，或是骨頭較大或較重，事實上並不代表骨質密度如何。

「奇普、鮑伯，去嚇豬，然後抓住跑最慢的！」唐恩命令。

儘管感到有些困惑，奇普和鮑伯兩人還是決定相信科學並聽從唐恩的指示。唐恩則絲毫不知他不成熟的想法只會讓一切變得更糟！

奇普拿了兩塊金屬板互敲，鏗鏘聲嚇得豬四處亂竄。他們抓住落隊的豬，把那些豬綁起來裝上卡車送走。

唐恩以為骨頭較重的豬會跑得最慢，但骨骼較弱的豬也跑得慢。當他們決定要追趕豬並載走落後者時，他們忘記考慮骨質疏鬆症（一種骨質密度低下的病症）。

實際上，母豬比公豬來得白皙，是因為牠們被豢養在室內繁殖小豬，接收到的陽光過少。結果就是，有很多母豬患有骨質疏鬆症。於是，患有骨質疏鬆症的母豬因為跑得慢而被抓住，並被帶到研究實驗室去。

農場不僅選到了皮膚較白、骨質密度相對較低的母豬，而且還選到患有骨質疏鬆症的母豬，導致最後挑到的是骨質密度最低的豬。這與最初要挑選骨質密度最高的豬意圖恰恰相反！

了不起的科學。

回到實驗室中，熱切的科學家們解剖了幾隻豬，然後小心翼翼取出牠們的骨頭，為接下來的骨質密度測試做準備。

這個島國的骨質密度掃描儀只能很好地對比淺色的骨頭，而且這種新開發的機器僅能容納重量較輕的小型骨頭。因此，大部分的豬骨都不適合。經過一番分類之後，他們才挑選出一組可用的骨頭來。

*他們不可避免地選擇了鈣含量更低的骨頭，並專注於那些不會太重、可以妥適地放入掃描儀的小型骨頭。這個方法導致的結果就是**倖存者偏差**（survivorship bias）的經典案例。這種邏輯上的錯誤在於集中關注樣本總體（骨頭）中一個特定子集，使其通過某個挑選過程（可進行最佳掃描），而忽略那些沒通過的子集。因此，掃描的結果僅能代表那些得以進入機器的倖存骨頭，而不能代表全部的骨頭。*

叮叮！骨質密度掃描儀完成分析後發出了聲響。唐恩漫步過去拿起結果報告。

這些分析結果用上了他們近期才發現的、最先進的演算法。唐恩驚呼道：「哎呀，數字比閾值還低，所以豬是會飛的！」

回顧一下該演算法：如果骨質密度低於某個閾值，那麼這種動物就會飛。高於這個值的話，動物就飛不起來。

*動物的飛行能力可能顯示其具有較低的骨質密度，但這是否代表骨質密度較低的動物就會飛呢？嗯，聽起來非常像是發生了P (A | B) 與 P (B | A) 被混淆時的**檢察官謬誤**（prosecutor's fallacy）。P (A | B)和 P (B | A) 這兩個機率在**貝氏定理**（Bayes' theorem）中的關聯如下所示。*

$$P(A|B) = \frac{P(B|A) \star P(A)}{P(B)}$$

A, B = 事件

P (A | B) = 在事件B為真的情況下，事件A發生的機率

P (B | A) = 在事件A為真的情況下，事件B發生的機率

P (A), P (B) = 事件A和事件B的邊際機率，即事件A或事件B個別發生的機率

此處：

A＝動物會飛

B＝動物的骨質密度低於閾值

帶著自認的真相和飛行動物的營養針，唐恩回到了農場，為所有豬隻注射營養針，完成他的任務。

好了！唐恩拔出針頭，同時轉頭對奇普和鮑伯說：「這是最後一隻了。當心別讓牠們飛走，所以要把牠們關在室內。」

隨時都在困惑不解的奇普回答道：「我從沒見過牠們飛。你確定牠們會飛嗎？」

唐恩昂起頭，露出高傲得意的假笑，說道：「就只是你沒觀察到某件事，並不代表你沒在看時它就沒有發生。別陷入這麼明顯的漏洞。」

接著唐恩回到了實驗室，迫不及待地要向島上的記者們宣布粉紅色毛茸茸的豬會飛。

夜幕降臨，奇普和鮑伯把豬趕進了室內，因為怕牠們會飛走。關門前，奇普拿起一大缸水和一大箱飼料，放在牆邊的一個高架子上。奇普轉頭對鮑伯說：「既然牠們不管怎樣都會飛，還不如把食物放在這上面，這樣更容易清理。」

隨著時間一天天過去，飼料和水越來越少，雖然享受盛宴的不是豬，而是大野鼠和小家鼠。相較之下，豬隻們變得有氣無力、虛弱且行動緩慢。

奇普和鮑伯感到困惑，因為一切似乎都不正常。每天晚上他們都勤奮地補充飼料和水，到了早上飼料和水就空了，所以他們排除是食物不足造成的問題。而既然豬最近剛打了營養針，有可能豬的狀況是一種副作用，因此他們決定打電話給唐恩。

唐恩決定把豬分成兩組來進行測試。他請鮑伯和奇普將所有的豬稱重，並記錄牠們的體重。完成後，他把最重的五十隻豬放進 1 號房間，並把最輕的五十隻豬放進 2 號房間。

好奇的奇普問道：「尊貴的先生，為什麼我們需要給豬稱重？」

唐恩回答：「我有一種新的健康藥丸想要試驗在牠們身上，但要判斷牠們是否有在康復中，我需要看牠們的體重有沒有增加。」

奇普明白了，一會兒後他又回來了。「唐恩先生，你上次不是說過，彙總算出平均數或總和，比個別的測試結果來得更好嗎？」

唐恩轉過身去，好掩飾自己的尷尬，心想：「我怎麼就沒想到呢？這個文盲只是在重複我之前說過的話。」接著大聲說道：

「呵呵！我只是在測試你。接得好。你完成之後，只要記錄各組的平均體重即可。」

「遵命！」奇普和鮑伯同聲回答。

第二天，唐恩視察了飼養較重豬的 1 號房間，發現那裡太擠了，所以他要鮑伯將幾隻豬搬到 2 號房間去。

由於胖胖的鮑伯有些懶惰，他把 1 號房間中較輕的豬抱起來，搬去2號房間。

隔天，唐恩過來記錄結果。稱完兩個房間豬的重量，他發現兩個房間的豬的平均體重都增加了。三人這才滿意地鬆了一口氣。

顯然，即使兩個房間中的每隻豬體重都下降了，兩個房間的平均體重仍會增加。因為他們忘記了鮑伯把一些豬從1號房間移到了

	1號房間		2號房間	
	體重	平均值	體重	平均值
初始測量	10, 12 14, 16	13	5, 6, 7	6
鮑伯搬移之後	14, 16	15	5, 6, 7 10, 12	8
豬隻體重下降後的測量	13, 15	14	4, 5, 6 9, 11	7

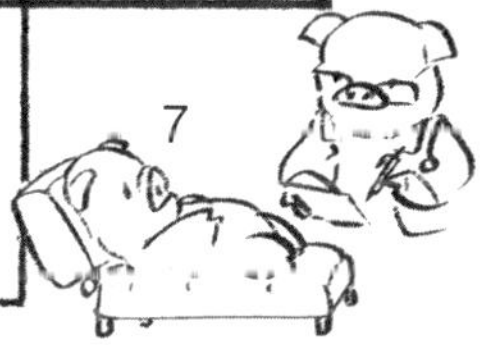

2 號房間，而且選擇的是 1 號房間中最輕的豬。

*唉！他們成了**威爾・羅傑斯現象**（Will Rogers phenomenon）的犧牲品。*

儘管兩個房間的豬隻體重都增加了，奇普還是有點擔心，因為豬看起來更虛弱了，然而他決定保持沉默，因為他知道唐恩會用一些聰明的斥責來貶低他。

隔天當他打開門時發現幾隻豬死了，顯然他的擔心成真。他頓時語塞，突然想到，牠們之所以變得虛弱，或許是因為無法在天空中自由飛翔。他打開門指著天空，瘋狂地打著手勢，但是沒有一隻豬顯得在意。

然後他想起，鳥媽媽會做什麼來讓不合作的幼鳥飛起來——牠會把幼鳥從高處推下去，讓牠們起飛。於是，他拿起手機搜尋，找到農場的貨機飛行員，打了電話過去。

第二天，附近的城鎮廣場陣陣騷動。當地報紙頭版刊登了一張名為豬的粉紅色毛茸茸動物的照片，以及一句引自名叫唐恩的英俊博學研究員的話：「豬會飛。」

正當意見兩極的城鎮居民爭執不休時，一名小男孩聽見飛機的聲音，抬起頭朝向那裡望去。他大喊：「媽媽，粉紅豬在飛！」

就像被聲音驚嚇到的鹿一樣，突然間每個人都抬起頭往上看。

一位老人咕噥著：「還真沒想到，那些豬居然真的會飛。」接著驚恐地說：「但牠們怎麼飛得這麼猛？」

1.2
練習題

1. 建立兩組人，給每人一個分數，並確保滿足以下條件。以數學方式表示這兩個條件都有被滿足（提示：**生態謬誤**〔ecological fallacy〕）。

   a. A組的平均分數高於B組。
   b. 從A組中隨機挑選一個人，並從B組中也隨機挑選一個人，在90%的情況下，B組人的分數高於A組人的。

2. 用藥還是不用藥？

   你正在調查一種藥物對抗某致命疾病的有效性。你可以存取健保公司所收集的客戶資料。你把患病的客戶分成兩組：服用這種藥物的客戶，以及未服用這種藥物的客戶。有些客戶康復了，但有些不幸地沒有康復。[1]

	已康復	未康復	總數	康復率
有服藥	20	20	40	
未服藥	16	24	40	
總數	36	44	80	

   a. 請計算兩組（「有服藥」和「未服藥」）的康復率（以%計）。

   b. 如果你患有此病，請問你會服用這種藥物嗎？

[1] 出處：Exercises MLSS 2019: Causality, Joris Mooij, August 27, 2019

經過仔細的檢查後，你注意到當你將患者的數據資料按性別分組時，有件事情很奇怪。

c. 請分別計算每個子群（男性和女性）其兩組（「有服藥」或「未服藥」）的康復率（以%表示）。

男性	已康復	未康復	總數	康復率
有服藥	18	12	30	%
未服藥	7	3	10	%
總數	25	15	40	

女性	已康復	未康復	總數	康復率
有服藥	2	8	10	%
未服藥	9	21	30	%
總數	11	29	40	

d. 根據這些數字，如果你患有此病，請問你會服用這種藥物嗎？

e. 在未知患者性別的情況下，你會給予患者什麼建議呢？

3. 全部都是豬

   a. 有三個房間，每個房間裡的豬如下所述。1 號房間裡有兩隻黑豬，2 號房間裡有兩隻白豬，3 號房間裡有一隻白豬和一隻黑豬。如果你隨機選擇一個房間拉出一隻豬，發現牠是黑色的，那麼這個房間裡的另一隻豬是白色的機率是多少？

   b. 有四個房間，每個房間裡的豬如下所述。1 號房間裡有三隻黑豬，2 號房間裡有兩隻黑豬和一隻白豬，3 號房間裡有一隻黑豬和兩隻白豬，4 號房間裡則都是白豬。如果你隨機選擇一個房間拉出一隻豬，發現牠是黑色的，那麼這個房間裡至少還有另一隻黑豬的機率是多少？

4. 下列敘述哪些為真，哪些為假？請根據因果關係進行分析，並為每個答案給出一個理由。

   a. 較多的冰淇淋會使得天氣溫暖。

   b. 溫暖的天氣會導致更高的冰淇淋銷量。

   c. 花較多時間看電視的學生往往得到較低的考試成績。這表示看電視會導致學業表現不佳。

   d. 大多數海洛因成癮者在嘗試海洛因之前都曾吸食過大麻。顯然，大麻是導致海洛因濫用的入門藥物。

1.3
查一查

主題	專門術語
科學方法	假說、對照組、應變變因（應變數）、操縱變因（自變數）、同儕審查、可證偽、可再現
錯誤	誤差傳播、不確定性傳播、型一錯誤、型二錯誤、偽陽率（FDR）、過度擬合、擬合不足
測量	精密度、召回率、F1 分數、準確度、特異度
貝氏定理	可能性、先驗、後驗
因果關係	相關性、因果推理、因果圖、反事實思考、機率提升與時間優先性、表面因果關係、真實因果關係與虛假因果關係
其他相關悖論	林德利悖論（Lindley's Paradox）、弗里德曼悖論（Freedman's Paradox）、斯坦因悖論（Stein's Paradox ）

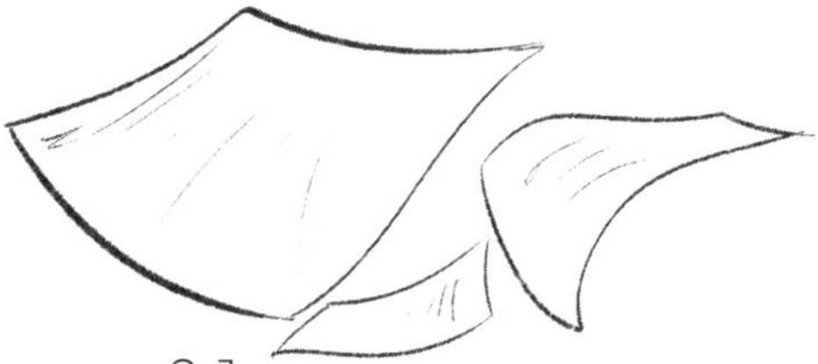

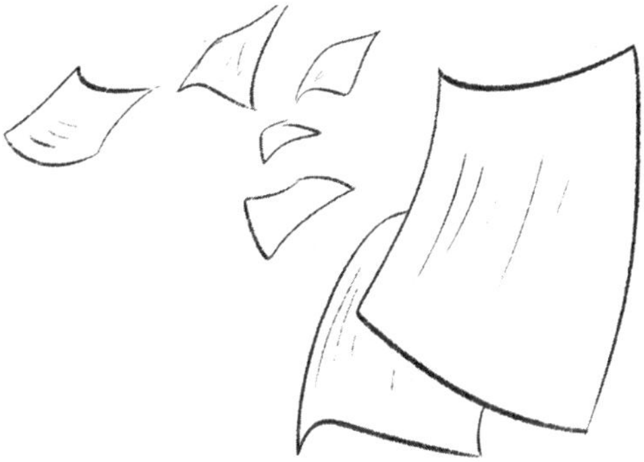

2.1

極端利他主義

一個小小的善行會引發連鎖反應

在這個弱肉強食的世界裡，沒有人會對不公義的事情多看一眼，即使這一眼可以阻止不公義的事情發生。人們殘忍、無情、信仰資本主義，寧可犧牲一條腿，也不願在殘酷的競爭中落後。

這種立場暗示著存在一種驕傲的菁英制度，只看重結果而不重視其他任何東西，沒有什麼會喚醒他們的人性。這種殘酷的文化侵蝕了所有看來善良無私的行為。每個人的投入都是為了自己。

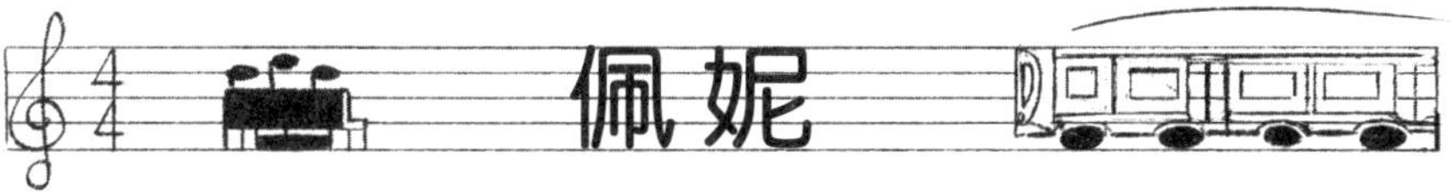

「不敢相信我竟然沒有足夠的零錢買這張愚蠢的車票！」佩妮驚呼。

她翻遍口袋和包包裡的每個角落，只為了找出20便士來買票。她沮喪地將包包裡的東西全倒在地上，在碎屑中翻找，但一無所獲。

這時機實在太糟！她正要前往參加樂團的大型演出，這是她做為首席大提琴手以來的第一次表演，而時間所剩無幾。

當乘客飛快地經過她身邊、卻對地上的亂七八糟視而不見時，佩妮變得越來越焦躁。她沒打算向人求助。她知道，如果情況反過來，她也不會停下腳步。求助哪會幫得了她呢？

正當她灰心地往回走時，一道閃光射進她的眼睛。人行道上的裂縫裡有一枚硬幣。20 便士——正是她需要的！一個偶然的善行，就像是天意一樣。

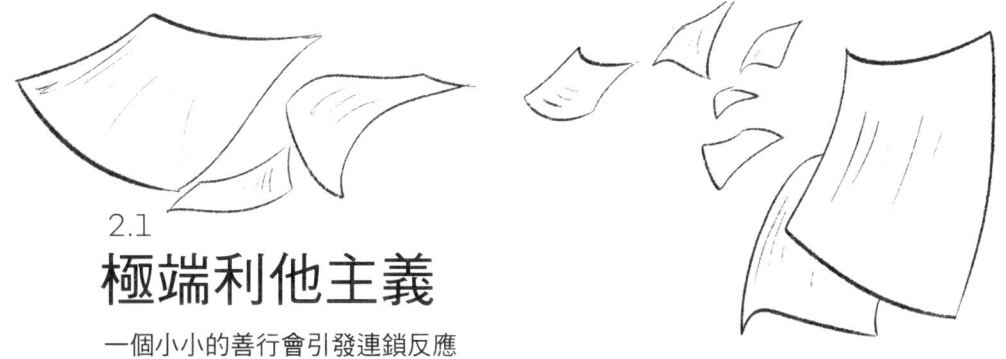

她買了票並及時趕上了演出，真是萬幸！當時她一點都不知道，愛樂樂團的一位人才招募人員就在觀眾席中，並注意到她撼動人心的德弗

札克大提琴獨奏表演。

隔天，人才招募人員打電話給佩妮，說樂團對她有興趣。放下電話後，她思索著：「要是我沒有找到那枚硬幣的話會怎麼樣？」隨著思緒飄移，她想像在一個世界裡，無數路人當中的一位扔了一枚硬幣給她，而這是一項無私的善行——是她的世界裡前所未聞的事。要是她母親病危而她必須趕到醫院捐血給她的話，該怎麼辦呢？或者，如果這是她房租期限的最後一天，但房東不願意讓她賒帳到隔天支付50美元而將她趕出去，那該怎麼辦？她不會每次都這麼幸運，她需要讓事情變得更好。隨著她的競爭意識開始減弱，取而代之的同情心也逐漸升起。

「在這個自私的國家裡，什麼能讓一個人難能可貴地不顧自己需要而去幫助別人呢？為什麼不曾有過一個善人呢？」

她想了又想。他們的整個文化即使在詩歌或藝術中，都充斥著以野心和追求權力的名義頌揚功績、懲罰平庸的故事。

她想不出任何一個關於希望和善意的故事。也許，她必須樹立一個榜樣，成為開始這一切的人。或許，這會引發連鎖反應，這個世界就不會無視於人們的掙扎而路過他們了。

偉大的想法就此開始進行。她幫助他人但不求任何回報。她反而會要求他們以幫助別人的方式將她的善行接續下去，並要求那個被幫助者也這麼做。

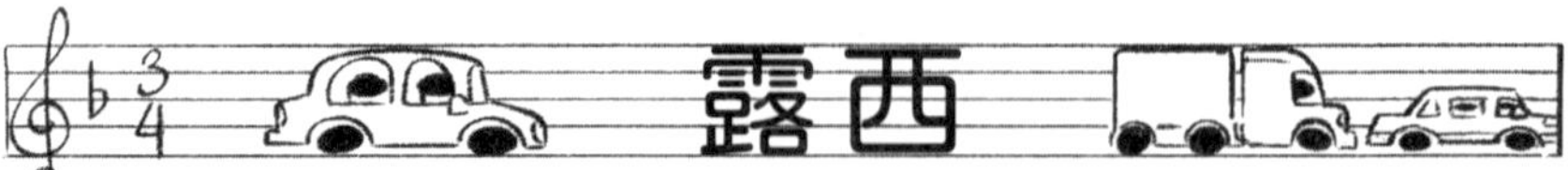

露西

一間當地醫院的資深資料科學家正沉浸於尋找模式。當她剛把關於流感季節的最新發現寫出來並將眼鏡往鼻子上推時，一陣陰風吹來，將她的研究成果捲起，散落在路面各處。

露西來來回回倉皇地搶救，試圖抓住她珍貴的作品，但紙張卻屢屢從她的指間溜走。就在這時，她看見另一雙熟練的手加入。一開始她疑惑著：這是誰？為什麼要偷拿我的研究成果？

就在她這麼想著的時候，紙張又飛了一公尺遠。她將注意力放回紙張上，跳起來、伸手盡可能地抓住更多漫天飛舞的紙張。當最後沒有紙張可抓時，陌生人將紙遞給了她。她重新審視了這位令人難以置信地介入並參與她拯救研究任務的陌生人……看起來似乎是在對她伸出援手？

她瞇起眼睛問：「妳想要求什麼回報呢？我可不想欠一個陌生人的人情。」

陌生人伸出一隻手，友善地微笑。「我是佩妮，很高興認識妳。妳不必回報我。然而我希望妳將援助之手擴展出去，不要給自己任何好處，並請那些妳幫助過的人把這個善心之鏈接續下去。」

佩妮微笑著繼續說道，留下困惑的露西整理她的思緒。

接下來那週的某一天，一個完美的機會自動送到了她的面前。當她靠在返程公車的車窗上時，腦中正盤旋著她關於流感季節的研究。即使到了現在，她還是覺得不可思議！經過證明，在流感季節期間，對於大部分小病像普通的頭痛或胃痛，去醫院比不去還危險：你會接觸到流感病毒，因而大大增加得到流感的可能性。

就在這時，有人打斷她的思緒：「嘿，露西！沒想到會在公車上逮到妳。」

是她好管閒事的鄰居，她通常會避開這個愛閒聊的人。

「妳知道嗎，我好像不曾在這一帶見到妳，但在這個頭痛得厲害要去醫院的路上遇到妳還真是巧。」

露西睜大了眼睛：「妳是說妳因為頭痛要去醫院嗎？在這個流感大爆發的季節？」

「沒錯，嗯。」

「那我這就來讓妳立刻停下腳步。妳知道我上一季在做的研究是什麼嗎？」

於是，她仔細而有邏輯地解釋了現在去醫院，實際上是如何比待在家裡來得危險，並用確鑿的證據支持自己的說法。

一下車，鄰居就問：「可是露西，為什麼妳要告訴我這些呢？妳想要從我這裡得到什麼？」

她很想告訴她不要在晚上十一點後把音樂放得那麼大聲，但她忍住了，並想起佩妮真誠的請求：「我只要妳去幫助別人，並且告訴他們也這麼做，不要給他們自己任何好處。」

她們擁抱後分頭回到各自的家，兩人對於這次不尋常的相遇都感到興奮不已。

她們完全沒想到的是，她們的整段對話被後座一位有抱負的網紅拍成了影片，因為這件事引發了他的好奇心：一個人如果為了小病痛去醫院而不考慮接觸到流感的風險，實際上病情可能變得更糟。

當他以「醫院——治療區還是死亡區？」做為標題上傳發布後，影片開始被瘋傳，每秒觀看人數呈指數級增長。到週末結束時，影片爆紅，甚至登上了晨間新聞，因為每個人都震驚於露西揭露的真相：「流感季節不要上醫院。」

露西最近發表的流感季節研究迅速受到廣泛的關注。讓當地醫院氣餒的是，整個流感季節人們都不願意上醫院。事實上，甚至連罹患腎衰竭、心臟驟停或癌症等重症病人，也為了避免流感而忽視不就醫的危險性，這就是**損失規避偏差**（loss aversion bias）的一個典型展現。

這表示醫院的預期收益將大幅損失，需要縮減營運規模——而醫院以後會為此感到後悔。

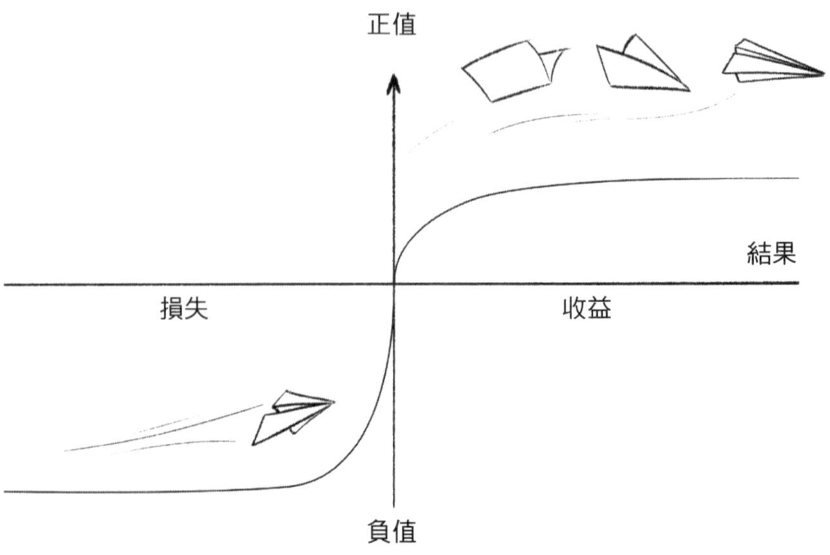

季芬

在「善心鏈」的更後端，是一位身材魁梧、名叫季芬的年輕小伙子。他是個有抱負的記者，透過訪談來為他的文章〈心臟病後的生活〉累積素材。他曾對心臟病患者的飲食和營養做過一些研究，並在一次採訪中意識到這正是他做出善行的機會。

「聽著，老兄。」他邊說邊掃視周圍一包包的精緻白米：「你才剛心臟病發作過。為什麼不試著減少精緻白米飯的攝取量呢？」

「絕對不行！」這是出乎他意料之外的固執回應。「我想你並沒有意識到米飯是我所屬文化的飲食基礎，而且是大多數餐點的主食。」

季芬試著說服這位中年男子，但他的態度堅決。季芬天生的說故事本能在此發揮了作用，他開始策劃藉由善意的謊言來支持他「無私的善行」，並影響他的聽眾。

「如果你考慮換成另一種索納牌的米，至少會對你的心臟比較健康。它的處理過程更乾淨，而且經證實對心臟也較好。」他大膽地宣稱，希望他的謊言具有說服力。

他對自己辯解這個欺騙是一個善行；他忽略了索納牌的米價格更貴，意思是這位收入微薄的中年男子在最低工資工作和昂貴藥物之間量入為出時，勢必要減少白米消費量，才負擔得起每餐吃這種較貴的米。

那人被說服時，季芬對自己感到滿意，他和那人告別並期待下個月的後續採訪，希望到時能解釋這個謊言，而且既然季芬幫助了他，他也必須不求任何回報地幫助別人。

一個月後，季芬步伐輕快、充滿活力地來到這名男子的家，急著要聽他如何適應昂貴但減量的米食新方案。

然而，當他進到屋裡時，卻驚訝地看到一大堆索納米袋，而且這名男子說他事實上增加了米飯的攝取量！

就像任何優秀記者一樣深入挖掘之後，季芬發現了違反直覺的理由。

「原本，我每餐吃100克的米飯和100克的蔬菜。但蔬菜比米飯貴得多，因此在相同的預算下，為了填飽肚子，我只好多吃些貴的米飯，大量減少吃更貴的蔬菜。」

因此，米價的提高反而導致米消費量的增加。好心卻適得其反！或許是因為它起始於一個謊言吧。

*日常必需品例如米，對於低收入者來說往往是一種季芬財，因此當價格提高時，消費量也隨之上升——和預期的效果相反。**季芬財**（Giffen good）是不符合標準經濟學和消費者需求理論的低收入、非奢侈品。當價格提高時，季芬財的需求會上升；當價格下跌時，季芬財的需求就會下降。*

卡繆

一季過去，這條善心鏈依然牢固，並傳到了卡繆這位事業心旺盛的小雜貨店老闆手中。在他一如往常做著生意時，一通電話啟發了他去實踐善行。

「你好，先生，請問是卡繆糧倉嗎？十五街和第四大道附近的雜貨店是嗎？」電話那頭的聲音問道。

「就是我們沒錯！請問能為你做些什麼呢？」卡繆嘰嘰喳喳地說。

「我已經開了六小時的車，五十分鐘後就要到家了，就在你那附近。我車上有兩個孩子，家裡沒有食物，因為我們剛結束一週的旅行回來。我本來希望能在你打烊前順道去補充一下冰箱裡的東西，但是，唉，小傢伙在上一個服務站耍脾氣，花了好一會兒處理。我是你店裡的常客，就是那個帶著兩個小孩、戴粉紅色帽子的女人，記得嗎？拜託你，你的店可不可以多營業一個小時就好？別擔心，我會適當地補償帶給你的麻煩。」她懇求道，聲音裡充滿不顧一切的絕望。

在如今日這般的普通日子裡，卡繆會直接掛斷電話，不理會這樣的請求，因為他以前從不曾在晚上六點打烊時間後多營業一分鐘。然而卡繆自己也有孩子，他對這位女士感到同情，因此他決定是時候要展現他偉大的善行了，而且他要給這位女士一個驚喜，也就是他不接受任何的回報。

他很快就發現，這項善行比他原本想像的還要費力許多。一小時過去，又再半小時過去，那位女士都沒出現。不久，她幾乎是哭著打電話過來。高速公路上發生了一起事故，造成嚴重的交通堵塞，大大拖慢了他們的行程。

卡繆嘆了口氣、翻了個白眼，同時向那位女士保證他會繼續開著店，等待她的到來。天哪！誰知道善良會消耗這麼多的資源？

結果她並沒有依原計畫於晚上六點抵達，而是八點半才到，並且匆忙購物、不停致謝。正當她伸手到錢包，準備給卡繆一筆豐厚的小費時，卡繆阻止了她，並將那條善心格言傳遞給她，意思是她也必須向別人伸出善意之手而且不求回報。

最後，經過格外漫長而疲憊的一天，卡繆終於得以在晚上九點鐘打烊，步行回家。然而奇怪的是，今天竟是如此繁忙的一天。他原以為晚上六點到九點這段額外的營業時間會既無聊又枯燥，但出乎意料地，那三個小時的營業額幾乎相當於當天其餘時間的全部營業額總量。當他在比平常晚得多的時間走回家時，他注意到他的商店是最後一個關燈的，因為在這個古樸的街區裡，所有店家都很早就打烊了。

徹夜仔細思考後，卡繆決定做個新嘗試。如果他是唯一一家營業到很晚的商店會怎樣呢？如果顧客們發覺到這件事，晚間時段的生意會不會全都到他手上呢？這麼一來，為此增加員工和提高經常性成本肯定很值得。

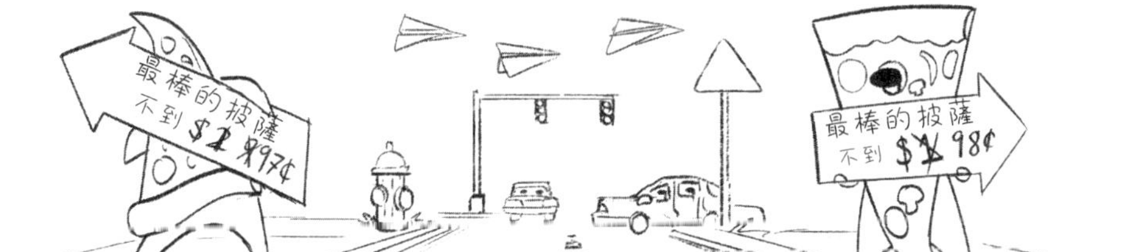

然而讓卡繆懊惱的是，當所有人都看到你毫無阻力地成功時，你做為創始者的地位不會持續太久。很快地，這成了一樁新鮮事，小鎮開始對卡繆糧倉的夜間營業議論紛紛。看到這種情況，其他雜貨店都緊張起來，意識到要跟上趨勢就必須競爭並達到這些新指標。幾個月內，附近地區至少有四家雜貨店也將營業時間從晚上六點延長到九點，並提高了薪資和經常性費用的支出。

然而，由於現在有這麼多商店在夜間營業，卡繆並沒有賺到他之前看見的利潤。事實上，沒有一家商店的利潤大幅增加，因為顧客被分散到各個商店了。此外，由於雜貨店主要銷售**需求無彈性的商品**（inelastically demanded goods），淨銷售額平均下來是相同的——只有工資和經常性費用在提高！

這表示所有參與的商店其淨利潤都會隨著時間而減少。當卡繆失去優勢後，每個人的情況都變得更糟，而且沒有人回得去了，因為這樣會賠錢。這是**競爭悖論**（paradox of competition）的一個鮮明例子，在經濟學中指的是，某些措施為個別的經濟實體提供了競爭優勢，但如果所有其他經濟實體都採取相同的做法，就會導致優勢失效。在某些情況下，最終狀態對每個人來說甚至比之前更為不利（對整體和對個別而言皆如此）。

就在這群店主認為他們的情況再糟不過了的時候，這條善心鏈繼續前進……

吉娜

「硜硜、咯咯、咯」，當一塊石頭快速滾過人行道時，吉娜的思緒回到了現實。她正陷入兩難之中，不知不覺就踢到了石頭，而石頭落地時不均勻的撞擊聲，猛然把她從自我沉思中驚醒。

她正在煩惱之前一家私人公司寄給她的一份提案。他們承諾將為她的最新發明支付數百萬美元。多年來，她一直致力於提高燃油引擎的效率，希望能將它傳給政府，以此獲得認可並迅速攀升為國家科學研究院的高層。但一大筆金錢的誘惑讓人很難拒絕。正當她陷入沉思時，一連串不自然的撞擊聲將她拉回到現實。「那重複的聲音是什麼？聽起來像是引擎裡的鏈條斷了？等等，鏈條……」就在此時，她想起了那條善心之鏈不該與她斷絕。

多虧一位陌生人的及時幫助，她才能活到今天。她將自己的性命歸功於那條只附帶一個條件的善心之鏈。好吧，她的自負一如她的聰明，於是她宣稱：「我會遠不只將善心鏈傳遞給一個人而已，我要將它傳遞給整個社會。」

第二天，報紙頭條寫道：「科學家吉娜將燃油效率改善到前所未有的標準，並將其技術讓渡給政府而非私人企業。現在我們的環境和一般人的生活都將獲得大幅改善。」

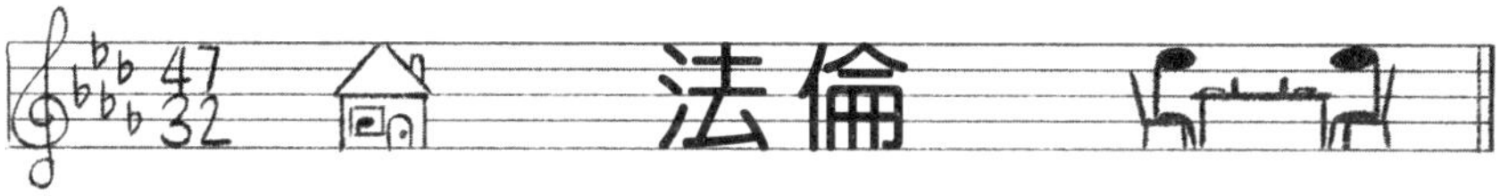

那天，報紙上刊登了他太太吉娜的臉以及她非預謀的善行，法倫對於她的行為感到十分困惑，並擔心起她的健康狀況。如果她不照顧她自己，那還有誰會照顧她呢？

他在結束州稅局局長的日常工作後回到家，發現妻子正急切地在門口等待，不耐煩地蹦蹦跳跳著。

起初，他一點也不想聽這件事。看起來簡直就像是吉娜被某種共產主義思想給洗腦了，變得如此不合邏輯和無私。她說得越多，他就越確信自己必須給她一些幫助。她雙眼發亮，喋喋不休地談論著「善良」、「利他行為」和「鏈條」，而他一點都不打算要參與其中。

吉娜感覺到他正在疏遠她，便改變了說詞。

「就像我說過的，你應該要提高稅率，並將那些額外的錢全部投資於無家者的住房。由此造成的社會穩定實際上會直接使你受益！國家將減少對無家者的醫療保健支出，而且新安置的住民可以積極地為國內生產毛額（GDP）做出貢獻。想一想吧！想像一下你將為國家省下多少錢。當然，民眾會反對稅金提高——但不用擔心，隨著新住民加入勞動人口，你將取得更多的應稅收入，因此可以在幾季之後將稅率降低到比以前更低。在我看來這是一個雙贏局面。我打賭在這次競選結束的時候，你就算沒有升職也會得到獎金。」吉娜臉上露出自豪的微笑說道。

法倫花了一點時間消化吉娜的話。

「好奇怪的計畫。明天我會仔細考慮並計算一下。我想這應該沒有什麼壞處吧！」

世人並不知道，他們已經陷入了連鎖反應。在石油主導的經濟結構中，微小的變化就會導致巨大的副作用。當燃油效率提高時，行駛相同距離的燃料費用就會減低；因此，對一個全新的人口階層來說就更負擔得起了。相較於大眾運輸工具，越來越多人開始使用私人車輛，所以通常運行二十趟、每趟載客五十人的公車，現在仍然運行二十趟，但每趟只載了二十名乘客。隨著經濟結構開始轉變，許多類似這樣的變化正在發生。

這違反直覺地導致了燃油消耗的大幅增加，並很快造成了全面匱乏。像卡繆糧倉那樣已經捉襟見肘的商店，現在面臨新一波的問題，因為供應鏈中斷、生活必需品變得更加短缺。為了對抗這種短缺，政府放寬燃油生產等級的規範，因為他們相信燃油效率提高對環境帶來的正面影響，將會超過低等燃油所增加的汙染。

傑文斯悖論

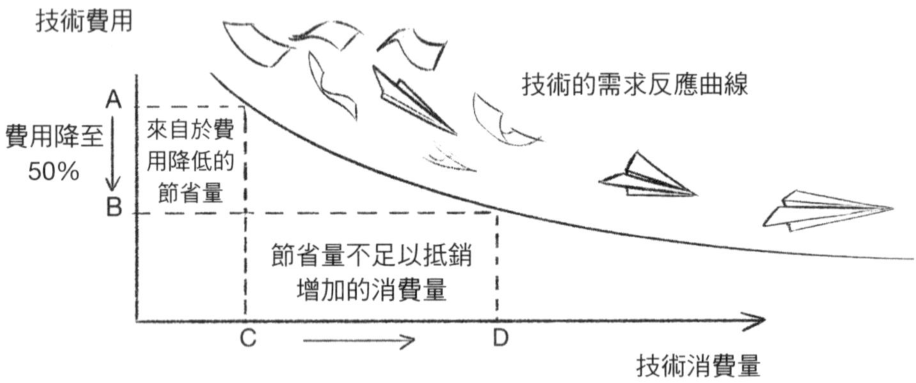

技術的消費量增加超過一倍，
而造成總費用的提高

*這個情況是**傑文斯悖論**（Jevons paradox）的一個經典例子，而這是環境經濟學中最常見的悖論。這個悖論指出，從長遠來看，資源利用效率的提高，將造成資源消耗的增加而非減少。由於燃油的需求在本質上具有彈性，這個邏輯在這種例子上就會成立。因此，隨著燃油效率的提高，其需求的增加將遠超過效率的提高。*

很快地，低等燃油的汙染加上使用量的增加，開始讓城市瀰漫著霧霾。燃油短缺似乎帶來一點希望，但很快又掉回現實。唯一表現變好的是醫院，但也只是一時的。醫院突然人潮蜂擁，因為汙染造成了空氣成分突然變化，許多人開始患上呼吸道疾病。唉，可惜大多數醫院早已縮減規模，這種突然的湧入是場噩夢，導致醫療基礎設施的崩潰。

更糟的是，法倫的計畫已經就位，稅率也提高了。但與直覺相反的是，稅金收入實際上卻降低了。這起因於一種稱為**拉弗曲線**（Laffer curve）的現象——稅率增加導致一部分人口退出勞動力並利用社會福利來謀取自身利益。這是因為他們發現他們的最大利益已隨著稅金增加而改變，他們必須做更多工作才能獲得相同的收入，而意識到完全不工作實際上更有利。

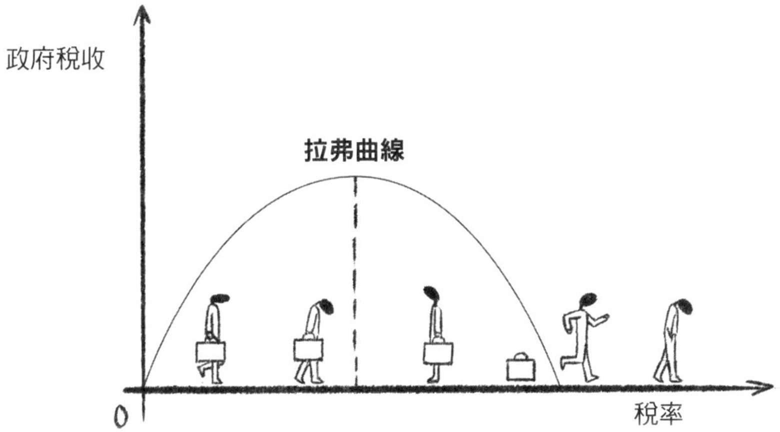

這為已經緊繃的政府財務帶來了進一步的壓力，於是連大規模的石油或醫療進口也無法緩和這個危機。

在這整個過程中，政府意識到這場由化石燃料問題導致的政治自殺，並試圖透過預告一個更綠色的未來加以挽回。石油公司的獲利時間變得越來越短。為了充分利用即將到期的最後時間，他們必須在整個業務垮掉之前最有效地取得短期利潤。這筆意外之財促使化石燃料公司透過投資更快速的開採和更高效的消費，來進一步加快其使用速度——於是又重新開始這個循環。

給讀者的注解

道德、善心和利他主義歸根究柢只是經濟策略，而不是普遍真理。社會的結構傾向於適應某些能夠存活下來的策略，而那些導致滅絕的策略自然會被修剪掉。

在某些情況下，利他主義是有益的，可以使物種得以倖存，從而成為遺傳特徵。同時，其他情況則會導致危害，程度嚴重到有時甚至將整個群落消滅掉。

是啊，誰沒聽說過特洛伊木馬呢？

2.2
練習題

1. 最後通牒賽局：需要兩名玩家。

遊戲的運作方式如下。提供一固定金額的錢，比如10美元，給兩位參與者。第一位參與者提議如何將這10美元分配給所有參與者，第二位參與者則選擇接受或拒絕該提議。如果提議被接受，那麼資金將按照第一位參與者的提議進行分配。如果提議被拒絕，雙方都不會得到任何東西。[2]

玩幾次遊戲並觀察會發生什麼事。基於這個基本設定，理性的經濟理論會如何預測人們的行為呢？如果金額是10,000美元，你認為會發生什麼事？

2. 三位同事去玩漆彈，費用為 50 美元。

三人各自支付了 20 美元。教練找給他們 10 美元的零錢，而他們每人取走 2 美元，並返還 4 美元做為小費。他們都付了 20 美元並拿回 2 美元的找零。\$20 – \$2 = \$18。他們共有三人：3 × \$18 = \$54。如果他們支付了 54 美元，且小費是 4 美元（\$54 + \$4 = \$58），那麼其餘 2 美元到哪裡去了？（\$60 – \$2 = \$58）

[2] 出處：Economic Puzzles (If You Don't Know Price Theory), Josh Hendrickson, March 11, 2021. Economic- forces.xyz

3. **聖彼得堡悖論**（St. Petersburg paradox）是一個理論的遊戲，由伯努利首次提出。遊戲中你假裝自己是賭場裡的一名玩家，正在玩一種特殊的擲硬幣遊戲。賭場一開始保證支付你彩金 2 美元。遊戲中會使用一枚公平硬幣，連續拋擲直到擲出反面。每次擲硬幣出現正面後，賭場就會將賭注金額加倍。因此，如果第一次擲硬幣時就出現反面，你將獲得 2 美元。如果到第二次拋擲才出現反面，你將贏得 4 美元。如果第三次拋擲出現反面，你將贏得 8 美元，以此類推。挑戰在於你必須支付一定金額的錢才能玩這個遊戲。如果你是玩家並被告知要完全理性地行動，只考慮預期彩金並且賭場對於最高彩金的金額沒有限制，那麼你願意支付來玩這個遊戲的最高金額應該是多少？

給定這個基本設定，理性的經濟理論會如何預測人們的行為呢？如果獎金的金額是 10,000 萬美元，你認為會發生什麼事？

2.3
查一查

主題	專門術語
經濟學	個體經濟學、總體經濟學、總體經濟學、供給和需求、彈性、國內生產毛額、通貨膨脹、比較利益
效用	行為經濟學、凹／凸效用、邊際效用、邊際效用遞減、預期效用、預算限制、所得效果、消費者偏好、帕雷托效率（Pareto Efficiency）
風險與損失	風險、不確定性、風險規避、損失規避、風險愛好、展望理論、保險、多樣化、逆選擇
賽局論	策略、理性、效用、利他主義、演化賽局論、演化穩定策略（ESS）、納許均衡（Nash Equilibria）、謝林點（Schelling Points）
思想體系	共產主義、資本主義、社會主義
宣傳性概念	懼惑疑、鄧寧・克魯格效應（Dunning-Kruger effect）、一氧化二氫惡作劇、否認與欺騙框架
其他相關悖論	阿萊悖論（AllaisParadox）、艾斯堡悖論（EllsbergParadox）、價值的悖論、辛勞的悖論、節儉的悖論

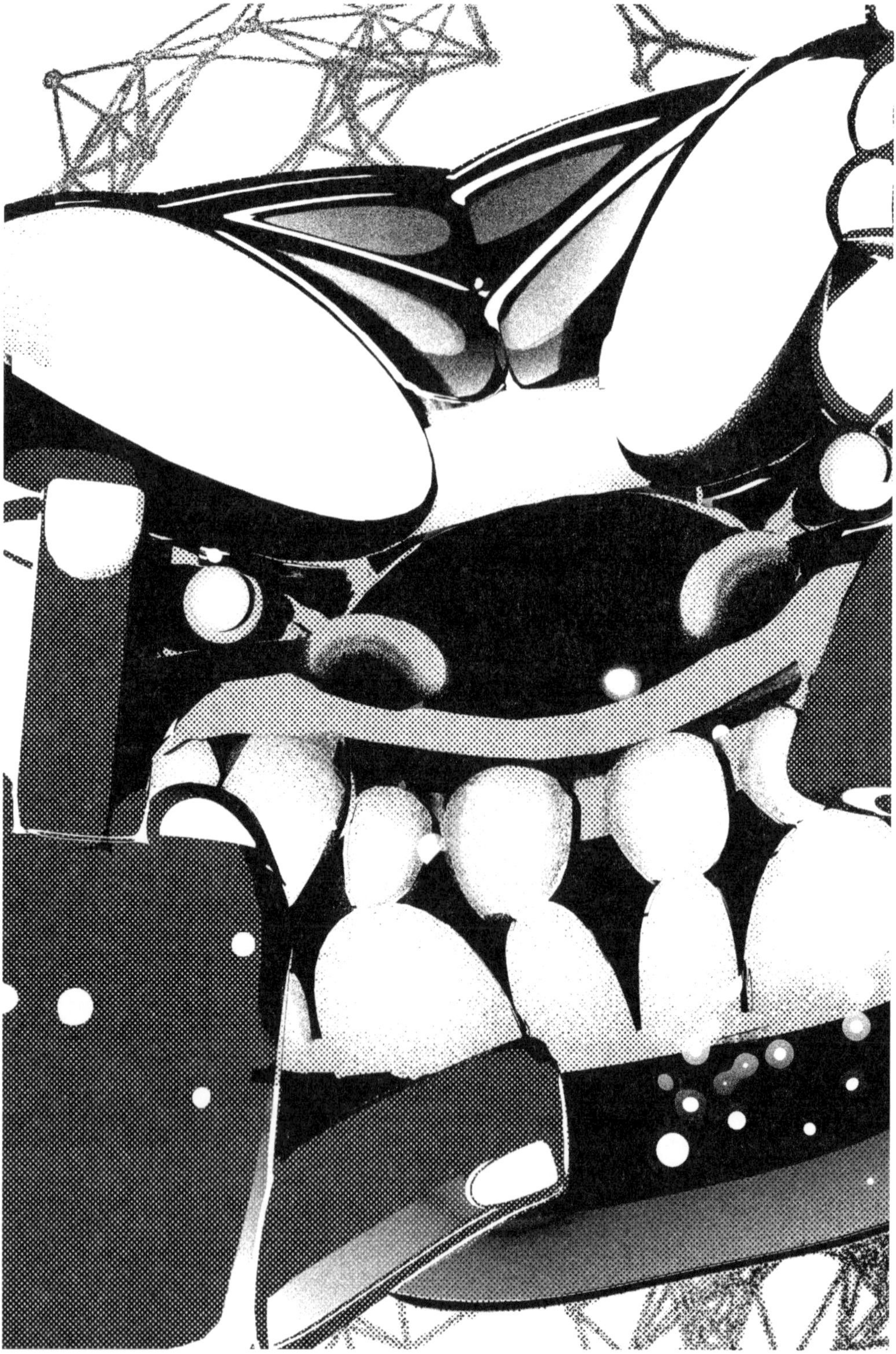

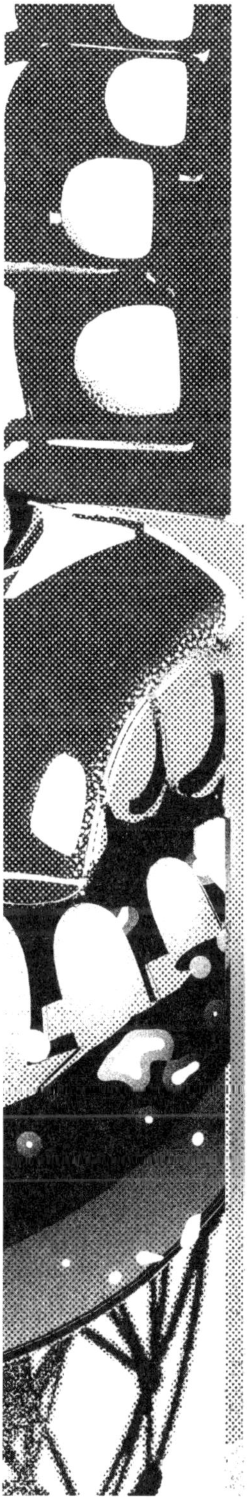

3.1

殮書

這是一篇模仿《哈佛商業評論》風格的惡搞文章，分三個部分，探討反社群網路「殮書」的崛起

只知仇恨的那名男子

仇恨經濟系列

讓我們從頭說起吧。帕克喜歡仇恨勝過一切，喜歡到創造出仇恨經濟。當時人們鮮少知道仇恨控制世界的力量。在政治分歧以及公民意識日益兩極化的把薪助火下，帕克發明這個「討厭」按鈕幾乎是不可避免的。這個簡單的按鈕起初只用來表達你的政治反感，但很快便像野火燎原般蔓延到其他所有的勢力範圍，包括品牌、熟人、名人、公眾人物、食品、顏色、看不順眼的事、哲學、音樂、書籍、電影和電視節目等等。

進入「敵友」這個建立在敵意基礎上的社群網路，其中的每一個討厭都會繪製出一個相互連結的仇恨圖，你可以輕易就找到志趣相投的仇恨者。

如同那句著名的諺語所言：「敵人的敵人就是朋友。」人們很快就在他們的同溫層中找到了安慰。不論是得到更好的約會對象、雇用適合公司文化的員工，或是找到志趣相投的朋友，都能透過「敵友」的網路效應實現。它對先前未開發的仇恨經濟火上加油，並發展成如今的龐然大物。世界上有84%的人都在使用敵友網，如果你不在上面，它就會把你塑造成全世界的敵人。

從0到1以及**跨越鴻溝**的傳統規則，被敵友網所取得的前所未有的大飛躍給打臉了。「從0到1」，本質上是在表達從「無」（0）到「有」（1）是可能存在的最大跳躍，甚至比從 1 到 n 還要大，因為從 1 到 n 比較是關於逐步發展已存在的東西——似乎是絕大多數人類努力之處。然而早期採用者和大眾使用之間的巨大鴻溝，也被敵友網輕易克服了，因為用仇恨去推動比用愛還要來得快。

從 0 到 1 就是從被遺忘的黑暗虛空中召喚出某些東西。這就是真創新的本質。

——**提爾**（Peter Thiel）

以較簡單的術語來解釋，即損失與收益在感知上並不對稱。如果你有100 萬美元，而我拿走一半，這件事帶給你的痛苦將遠大於你再得到 50 萬美元所得到的快樂。當我們看到一個破產的人從 10 美元獲得的效用，比百萬富翁從 1 萬美元獲得的效用多得多時，很容易就觀察到這一點。另一個類比則是效用函數是凹的而不是線性的，導致人們對於損失的感知比對於類似大小的收益來得糟多了。因此，帕克相信比起愛，恨是更快的驅動力量。

驚人的是，敵友網甚至打破了學術界之前對於小世界網路的信念。人們認為，世界上任兩人之間的連結都在六個連續的彼此認識關係之內。若將小世界網路的定義擴展到包含任何類型的連結，那麼敵友網顯示了志趣相投的仇恨將我們連結得更緊密——它將中間熟人的鏈長縮短為三個。儘管在以「愛」連結的網路中也可能如此，但那樣的網路沒有全球規模的用戶，因此未展現出同樣的網路效應。

在這個新世界裡，品牌、哲學和美食都有自己的生命，它們在仇恨中有機地成長，並且重塑了社群網路的概念。這不再只是人而已；這是一個龐大的網路，裡面充滿了同溫層、共享意識、日益增長的意見，以及當然會有的一個資料寶庫。

我們長成了一個仇恨之國。我們的仇恨有著不同的程度，首先是那些挑戰我們的人，然後是與我們不同的人，接著是那些說我們是個威脅的人……仇恨是一把很容易點燃而且無限期燃燒的火炬，無需太多煽風。

——**薩蘭**（Sathya Saran）

扮演上帝的那名女子

仇恨經濟系列

一位開創性的科學家，具有無人能及的遠見。她是一位風度翩翩、充滿魅力、有三個孩子的單親媽媽。她是鼓舞我們所有人的榜樣。她登上各大雜誌封面，被選為全球三十歲以下三十位頂尖科學家之一，是有名的菲爾茲獎（數學界的諾貝爾獎）最年輕的女性得獎者，被《紐約客》廣泛剖析報導，是《連線》雜誌的撰稿人，凡此種種。這簡直就像是經營這些機構的男性因為從未給予女科學家應有的待遇而感到內疚，因此選擇了這次機會來彌補一切。高梅斯近十年來一直是科學界的典範。意思是，直到現在為止。

當她那枚可惡火箭的相關報導衝擊全世界時，她的名聲開始一落千丈，變得惡名昭彰。科學家們幾十年來的研究得出了一個結論——人類將因核戰而滅絕。已得證。

相互保證毀滅（mutually assured destruction；MAD）的概念迄今為止阻止了全面核戰的爆發，但局勢一年比一年緊張。高梅斯代表聯合國，本著《聖經》的提議要建造方舟來拯救人類。

在挑選哪些人要登上倖存者太空船時，敵友網扮演了重要角色，因為它是世界上最全面、最廣泛、最完整的數據資料集——遠比任何人口統計資料都要完備而準確。據稱，高梅斯的演算法利用一些合理且必要的限制和考量，例如基本健康因素、沒有駭人的犯罪紀錄、公平地保存人類遺產、確保生育（如果所選的人都是男性就不可能了），並且沒人超過八十歲，目的在於公平且隨機地挑選人類。因為這項公開宣告，世界各地接連爆發了強烈的抗議。

我不知道第三次世界大戰將使用什麼武器，但第四次世界大戰將使用棍棒和石頭。

——**愛因斯坦**（Albert Einstein）

這暗示了一個棘手問題，即如何決定誰值得被拯救，即使是從每個種族中各挑出兩名來，這依然是個棘手問題。挪亞在這件事情上果然超前。

這裡的隨機是什麼意思？

在樣本集合內隨機地選人，意思是以不可預測的方式選出他們。

這裡的公平隨機是什麼意思？

公平隨機表示不只是隨機，而且每個人都有平等的機會被選中。

如果我們隨機地選擇但不考慮公平，有些人被選中的機會可能會比其他人來得高。以挪亞方舟為例，如果從每個物種中隨機選擇一對，結果就會隨機但不公平。屬於數量較少物種（例如老虎）的動物比數量較多物種（例如螞蟻）的動物就更有可能被選中。

為了確保公平，高梅斯利用敵友網龐大的社會出席量來隨機選人（先透過群眾外包的方式，替未在敵友網上註冊的人建立虛假資料）。

世人將高梅斯視為類似薩諾斯（Thano，美國漫威漫畫創造的虛構超級反派角色。他隨機殺死了一半的生命，以便讓剩下的生命繁榮興盛）那樣的人，她是一個為了更大利益而做出變革的先驅人物。現在全世界正等待著這場名副其實的生命樂透彩，焦急地期待這場決定命運的活動。

在以下由隨機點構成的圖畫中，一幅是由人類繪製的，一幅則是電腦繪製。你能分辨哪個是哪個嗎？

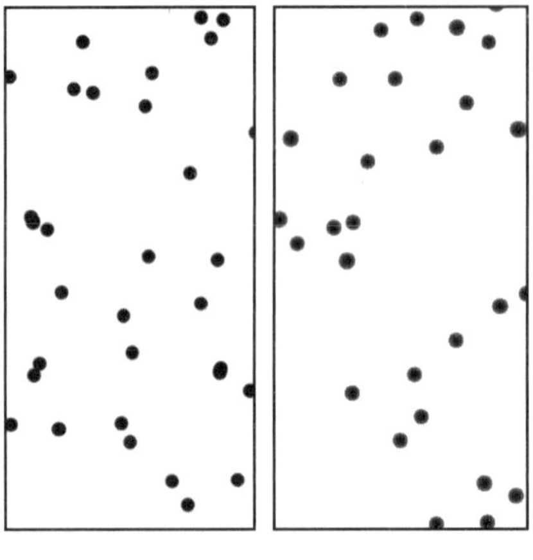

在等待的過程中，那些不切實際的空談家全都活躍了起來，提出了一些有趣的開放式問題：

- 她使用了什麼隨機化演算法或技術來達到隨機選擇呢？
- 這種隨機選擇應有的限制是什麼？
- 孕婦怎麼辦（是被當作一個人還是兩個人）？胎兒什麼時候被視為生命？
- 男女的相對比例如何（應該均等嗎？），即使世界上的實際比例不是如此？非二元性別者和跨性別者怎麼辦？存在一個小小的機率情況，其中每個被選中的人都是同性而因此無法繁衍，從而無論是哪一個性別都會導致人類滅亡。
- 應該每個種族、文化和語言都至少有一個人嗎？如果這麼做，對人口規模較大的族群來說不會不公平嗎？但如果不這麼做，我們就會失去一個完整的現存人類遺產了。
- 家庭被拆散怎麼辦（選擇孩子而不選其父母會對他們的發展不利）？所以應該以家庭為單位來選擇嗎？人們是否應該有權決定加入一個更大的群體，且機率相應地調整呢？

事情就是這樣了。儘管不耐煩，世界仍在等待。

拯救我們全體的那個孩子

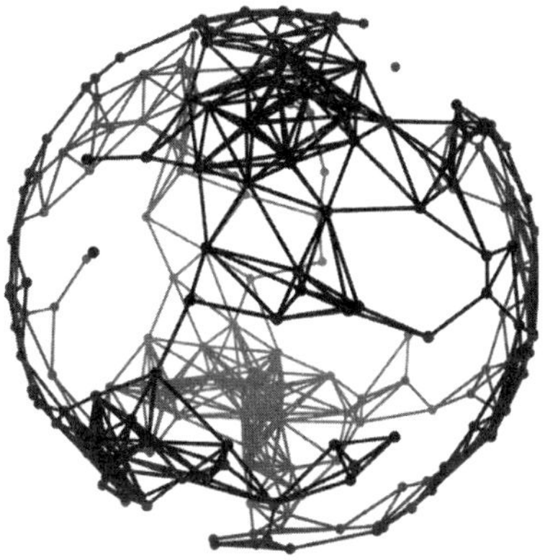

仇恨經濟系列

新聞快報

我們從未料到這麼快就會爆出有關倖存者太空船的醜聞，但我們是否早該預見它會發生呢？

全世界都將伊麗莎・高梅斯視為一個為了更大利益而提出變革的先驅。很遺憾地，在這爭議性的理念當中，存在著我們要在這陰沉的早晨向你傳達的真相。她比我們所以為的更糟糕。

原本看似依憑天意的事件，結果卻是一名工於心計的女子出於瘋狂欲望的計謀。全世界都在等待這場真正的生命樂透彩，焦急地期待收到倖存者太空船的召喚。

起初只是對其母親的一個惡作劇，後來演變成對騙局進行的全面調查。朱爾・阿薩姆是高梅斯的第一個孩子，今年剛滿十八歲，他可能是迄今為止最年輕、最出人意料的舉報人。當他入侵母親的工作系統時，原本以為只會發現一些無聊的計算、限制和運算演算法，用來幫助從敵友網資料庫中隨機選人。然而，阿薩姆卻發現了整個敵友網的社交網路仇恨圖譜。

這激起了他的好奇心。究竟為何在進行隨機選擇時需要存取整個圖譜而不僅僅是節點（代表使用者的個人簡介）？這對於敵友網，或者對於任何擁有電腦科學學位的人來說，似乎是一個太低級的錯誤，嚴重侵犯了隱私以及傷害公眾的信任。

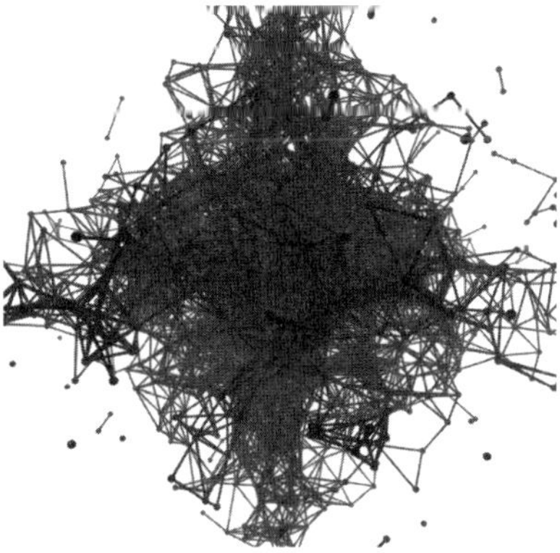

阿薩姆怒不可遏，快速瀏覽了他們的資料庫，「牛津分析公司」這名字反覆出現，引起了他的注意，但他母親隨即進屋，使得他必須放棄這個任務。就像大多數孩子一樣，他愛自己的母親並決定相信她。撇開惡作劇不談，他和世界上其他人一樣，對高梅斯只會往最好的方向想。

原本一切都很順利，直到不過一週後，牛津分析公司公布了一份由聯合國委託進行、對於隨機選擇過程的「獨立」審計報告。這消息讓阿薩姆相當苦惱，他感覺自己目睹了一樁至少是利益衝突的事件，最糟的狀況則是叛國。

阿薩姆是一名電腦科學新手，但他的研究卻領先一步。或許隨著時間過去，專家們也會得出相同結論，但阿薩姆知道他在尋找什麼。他利用在網路上找到的一些檢測假數據的基本技術，驚訝地發現了證據，證實了自己的懷疑。那份報告看起來幾乎完全造假，而裡面到處是他母親的簽名。

阿薩姆聯繫了專家和新聞機構，拚命想讓人們注意到他的洞見。看來我們是最先驗證他的結果的人。高梅斯並不是隨機地選人，而是充分利用整個敵友網的仇恨網絡，將其最佳化，並找到內部衝突最少的一群人。換句話說，她的演算法找出了有共同仇恨並且只有少數衝突仇恨的人群，從而最大限度地減少在倖存者太空船上以及其他地方可能發生的爭端。而她始終對此撒謊。

謬誤不會因為千百遍傳播就變成真理，真理也不會因為無人所知就變成謬誤。

——**聖雄甘地**（Mahatma Gandhi）

讓我們深思一下。

「那位扮演上帝的女子」是對的，因為她替我們全部人做了決定。

對於那些懂技術的人，我們將一步步介紹阿薩姆用來支持其指控的技術。他的技術雖然基本，但很有效。在刊登這篇文章之前，我們徵求了專家來驗證阿薩姆的結論，證實了他的看法。

為了揭露真相，阿薩姆採用了一種基本的偽造資料偵測技術，叫做**班佛定律**（Benford's law）。

阿薩姆將厚厚的牛津分析報告中全部的統計數據和數值資料提取出來，針對這些數字進行了簡單的頻率分析。他應該要得到一個看起來類似下表的

位數	0	1	2	3	4	5	6	7	8	9
第一位	-	30.1%	17.6%	12.5%	9.7%	7.9%	6.7%	5.8%	5.1%	4.6%
第二位	12.0%	11.4%	10.9%	10.4%	10.0%	9.7%	9.3%	9.0%	8.8%	8.5%
第三位	10.2%	10.1%	10.1%	10.1%	10.0%	10.0%	9.9%	9.9%	9.9%	9.8%

頻率統計。

在大型資料集中，「1」在第一位數的機率略高於30%，而「9」相較之下僅有4.6%，但沿著重要的位數往下，分布傾向於變得較均勻。

阿薩姆的分析結果與這樣的統計分布完全不符。這個差異並不直接表示數據造假，卻是進一步調查的重要理由。阿薩姆感覺到一股強烈的衝動要去做正確的事，他聯繫了多家新聞機構，強調這裡可能存在詐欺行為，值得仔細檢查牛津分析報告的來源。他還表示，除了他看到的內容之外，他沒有其他確鑿的證據：他的母親可以存取敵友網的圖譜，而且她的儲存庫中到處都是牛津分析公司的名字。沒有通過班佛定律的檢驗是最後一根稻草，迫使他從懷疑的邊緣走向指控。

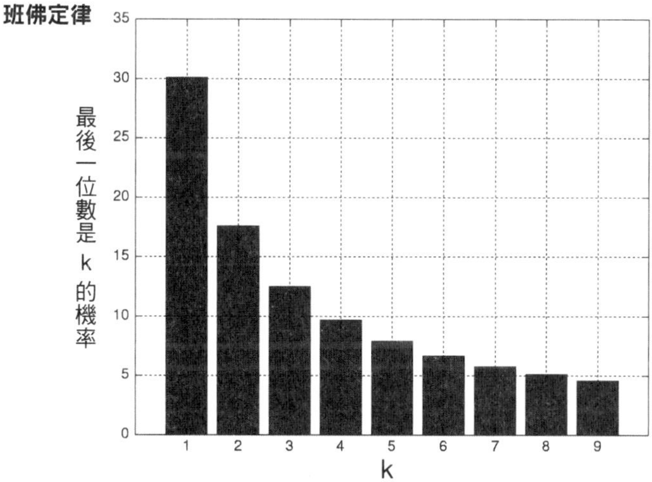

在我們更進一步的挖掘下，發現這一切的背後有著驚人的醜聞。牛津分析報告純屬假造；當局發現這是一個精心掩蓋的企圖，目的是隱藏高梅斯並非隨機選人的事實。史深人的調查仍在進行中，但有一件事是肯定的——伊麗莎·高梅斯將變得更加惡名昭彰。

我們只能祈禱，人們對於誠實科學研究及機構的信任，不會因為這次事件受到太大的損害。於此同時，我們將繼續做為瞭解此問題最新發展的最可靠來源，同時堅持我們的新聞誠信和對於準確性的標準。你有知情的權利，因為這對你來說確實事關生死。

很快會有更多相關資訊，務請關注此頁面。

3.2
練習題

1. 挑選一個你需要的資料集。根據你從資料集中收集到的洞見，建立一份令人信服的報告。再用假造的資料建立一份令人信服的報告。跟同學交換，並請他們找出哪一份是假的、哪一份是真的。

2. 使用人工智慧大型語言模型（LLM）的聊天機器人（chatGPT、Bard、BingAI），對一篇研究文章使用**齊夫定律**（Zipf's law）和**班佛定律**來進行偽造資料分析，並檢查其是否具有一致的隨機性。

3. **漢明碼**（Hamming code）是一種普遍的線性錯誤偵測和校正方法，本練習將帶你瞭解如何一步步產出一組（7,4）漢明碼。該編碼方式編碼四位元資料，並增加三個奇偶校驗位元以進行錯誤偵測和校正。

   練習：假設你想要傳送四位元的二進位資料「1101」。

a. 計算**奇偶校驗位元**（parity bits）：使用（7,4）漢明碼，計算此資料的奇偶校驗位元。請記住，漢明碼在2的次方的位置（1、2、4等）使用校驗位元，其餘位置用於資料位元。[3]各個奇偶校驗位元的計算方式如下：

   i. P1位元：檢查二進位值的最右邊的位元為1（第1、3、5、7）的位置。

   ii. P2位元：檢查二進位值右邊數來第二個位置為1（第2、3、6、7）的位置。

   iii. P3位元：檢查二進位值右邊數來第三個位置為1（第4、5、6、7）的位置。

   注意：奇偶校驗位元要檢查的，是這些位置是否有「偶數」或「奇數」的1。對於這個練習，我們使用偶同位，意思是所有被檢查的位元中，1的總數是偶數時，校驗位元會是「0」，否則就會是「1」。

b. 資料編碼：將計算出的奇偶校驗位元放入原始的 4 位元資料編碼。

c. 模擬錯誤：現在，假設在傳輸其中一個位元時發生了錯誤（你可以選擇一個隨機的位元來「翻面」）。

d. 偵測和校正錯誤：使用漢明碼的錯誤偵測和校正能力，來識別錯誤位元並進行修正。只要檢查奇偶校驗位元，就可以找到錯誤位元的位置。如果奇偶校驗位有誤，則將所有出錯的奇偶校驗位元的「位置」進行二進位求和，就可以確認錯誤的位元。

e. 驗證校正後的編碼：最後，比較校正後的編碼與原始的漢明碼，以確認錯誤更正。

[3] 譯注：也就是說，編碼後的漢明碼總共有七個位元，其中有四個位元是我們要傳輸的資料，請參考以下圖表。

位置	1	2	3	4	5	6	7
放入的位元	第一個奇偶校驗位元（P1）	第二個奇偶校驗位元（P2）	第一個資料位元	第三個奇偶校驗位元（P3）	第二個資料位元	第三個資料位元	第四個資料位元

4. 找出下列哪個序列最有可能是造假生成的資料，以及原因為何。可以隨意地使用編碼，但透過良好的觀察技巧，可能以視覺就足以達成。在某些情況下，一些計算也可能會有幫助。.

a. 11101110111111110111111111101111001001001111111101
   11111011010011111001011011111111001111001100001111

b. 00011100101011101010110011001110010010101001001 1
   10111001101010011000001101001111010011111111101010

c. 01000000001101000101001110100100111101010000 1100
   01010010010011110001011001110011011011000010 0101

d. 01010101010101010101010101010101010101010101010101
   01010101010101010101010101010101010101010101010101

e. 00101101010100011110110010100101111111000010 1001
   01101010001001010101100010010101101000101110 1110

f. 00100010110101100110110100100110110101100110 1010
   11010110011001100010001000100010001001100010 1101

g. 01101111011100010000011110101101100101011100 1111
   11100111111101010000100011110100000110111100 0000

h. 10011111100110011001101010011111111111111111110000
   10100000010011001100111111001100100000101000000000

i. 10101010010001001001010010010100101010101001 0100
   01001010101001001010100110101001101010100100 0100

j. 10111011101111110110101001011110111011101111100100
   11101011101111110010001000100111010111011110111 10

k. 01101110000001001000110110101110101100001011 0110
   00100000101111110111000000001100001100111001010001 1

l. 01110001001010111011001001010111011101011010101 0
   10101010111001010010101101110101010100111011011 1

m. 01011001101100000111011010100011010110111111010 1
   11000000010110101001001001010100110011010010101 0

n. 10101101010101010101101011010101110011100111010 1
   01101011101111011101011101100100101010010011011 0

3.3
查一查

主題	專門術語
圖論	二元關係（非反身、對稱、非遞移）、超圖、單體複形、鄰接矩陣、圖的拉普拉斯算子
社群網路	頁面排名、穩態、圖的狄利克雷和（Dirichlet Sum）、特徵向量、圖的光譜性質、隨機的網路巡訪者、完全子圖（團）、社團和族群、社群
其他相關悖論	小世界現象、弱連結理論、格蘭諾維特悖論（Granovetter's Paradox）、友誼悖論

4.1

要命認真的派對

一部大衛・艾登堡風格的紀錄片，關於「烏托邦之鳥」就投票系統進行的辯論

距離大陸九千六百公里的地方有一片群島，是個以熔岩構成、與世隔絕數千年的獨立世界。這些島嶼因其無所畏懼的野生動物而聞名，也被認為是達爾文演化論的靈感來源。而這只是故事的一部分。

由於缺乏掠食者，豐富的自然資源催生了別名「烏托邦之鳥」的空想家們。在這片肥沃的土地上，沒有掠食者也沒有突然的暴力死亡，只有滿滿的歡樂以及大把時間可以消磨，這些鳥兒們做著任何理性物種都會做的事來打發時間——他們討論投票制度的優點。今年，**無政府工團主義公民投票**（anarcho-syndicalist plebiscite）這個僅次於交配季節的稀奇之事，隨著芳香出名的大王花之盛開而到來。

儀式表演以侏儒鳥壯觀的月球漫步華麗之舞開始，正式拉開辯論的序幕。當備受尊敬的主席就座時，現場爆出一陣喧鬧聲來歡迎她。

這幾乎就像是他們的競技場，而演講者們是競技鬥士。隨著「咻」的一聲、「嗶」的一聲、以及莊嚴的一聲「砰」，塵埃慢慢落定，揭開無政府主義帝國三合會的面貌——生長在文學滋養如此極端的環境中，只有少數鳥得以倖存。單發鎌嘴鳥、偏好鵜鶘和唱反調夜鶯是他們那個世代最優秀的鬥士，空氣中因即將爆發的激烈辯論而瀰漫著一觸即發的緊張。

利用連接在動態神經功能性磁振造影（fMRI）上的振動轉換技術，輔以**喬姆斯基的普遍生成語法語言理論**（Chomsky's linguistic theory of universal generative grammar），我們得以將這場「鉅餌辯論會」翻譯成一種粗略的人類口語。

讓我們立刻開始吧。

——錄製開始——

主席：今天我們聚集在這裡，見證今年的年度鉅餌辯論會。這個年度辯論的誕生，是由於自戀、空談和殺嬰現象的猖獗。多年來，我們一致認為我們的無政府工團主義公社想要，不，是需要一場革命！然而，由於我們似乎無法就其他任何事情達成共識，如今我們還卡在這個循環裡。無論如何，辯論開始吧！

今天的主題是由一窾不通布穀鳥提出的。由於通貨膨脹和全球氣候變遷，我們需要一位翅膀部長來帶領我們渡過這片混濁未知的水域。然而，為此我們需要有一個公平的投票制度。讓我們投票選出一個制度吧。

單發鎌嘴鳥、偏好鵜鶘和唱反調夜鶯，歡迎你們來演講並提出你們的解決方案。開始。

單發鐮嘴鳥：嘿各位，我是一隻簡單的小鳥，今天有一個簡單的訊息要給你們帶回家。別無事生非了，支持**贏者全拿**（first-past-the-post）！這是最

贏者全拿／相對多數制

簡單容易的投票制度；把你的票投給一位候選人，選票最多的候選人就當選。

唱反調夜鶯：耐住翅膀等一等。這種荒謬的簡單多數投票制度可能會讓最討人厭的候選人當選。看這台投影機，看看荒謬之處。任何文明社會都不會採納這種民主鬧劇。啟動鳥眼視投影機！

投反對票

唱反調夜鶯：我倒是建議採用更優的**投反對票**（disapproval voting）方式，即投票支持一位候選人並反對另一位候選人。獲得的正數票與負數票差距最大者當選。

偏好鵜鶘：等等，這仍然容易受到**策略性投票**（tactical voting）的影響——你會投票給不是你第一選擇的人，只因為你確定你支持的候選人受歡迎程度不足而絕不會當選。就好像這還不夠糟一樣，這種方式還會陷入**杜瓦傑法則**（Duverger's law）的困擾——長久下來將導致雙候選人系統的出現。實際上，所有其他政黨最終都會消亡，導致兩黨合作的結果。我不想被扔在公雞和母雞之間爭鬥，也就是選出兩個意識形態相似的政黨，這樣提供給選民的選擇很少。我建議採用**單一可轉移投票制**（single transferable vote；STV）的方式，非

A
B
C
D
E
B
C
D
E
B
C
D
B
C
單一可轉移投票

常適合像我們這樣表達清晰又有學問的社會，每個人都只需要提交對候選人的排名而不必擔心策略性投票。讓我深入解析一下這是如何運作的。

偏好鵜鶘：讓我們從A、B、C、D和E五位候選人開始。如果把每個人的第一偏好一丟進去，很明顯地，不會有人獲得明顯的多數票。所以，我們剔除第一偏好最少的候選人，並根據選民的第二偏好分好選票。只要沒有人獲得明確多數，就重複這個過程，直到有候選人獲得超過50%的選票。你可以清楚看到，候選人B在傳統投票中不會當選，但當我們考慮排名時，他顯然是最受歡迎的人選。這種方式確保了不會出現策略性投票，因為每個人只需投票給他們真正偏愛的候選人，而不會去擔心他們的候選人是否有半點機會。

看吧！就如烏鴉飛一般簡單又直截。

單發鐮嘴鳥：烏鴉也許很直截，但肯定不如箭飛得那麼直。你忘了**阿羅不可能定理**（Arrow's impossibility theorem），這個社會選擇悖論說明了理想的投票結構是不可能的。在我們有義務堅持公平投票程序的原則時，選民集體偏好的明確順序——也就是偏好排名，是無法確定的。

公平投票程序

- 如果相較於替代選項Y，每個投票者都偏好替代選項X，那麼該群體對X的偏好勝過Y。
- 如果每個投票者在X和Y之間的偏好保持不變，那麼該群體在X和Y之間的偏好也將保持不變（即使投票者在其他兩個選項，如X和Z、Y和Z或Z和W，之間的偏好有所改變）。
- 不存在「獨裁者」：沒有任何一個選民有權始終決定群體的偏好。

單發鐮嘴鳥：這裡有個包括鴿子在內的每一位都能夠理解的初階例子，名為**孔多塞投票悖論**（Condorcet's paradox）：

無論誰當選，至少有兩名選民偏好其他候選人而不是獲勝者。所以說，如果A獲勝，投票者2和3的偏好都是C優先於A。

孔多塞悖論

投票者	第一偏好	第二偏好	第三偏好
投票者1	A	B	C
投票者2	B	C	A
投票者3	C	A	B

＊一隻對所有理論都感到困惑的異想天開鷺飛了起來，瘋狂尖叫著＊

異想天開鷺：為何我們一定要投票？我提議建立獨裁政權，並任命我為獨裁者，因為很少鳥有這麼多的權威，比我在島上的權威多。

＊此時一陣困惑的停頓，全體觀眾、發言者和主席試著慢慢分析那句話的措辭＊

單發鐮嘴鳥：你膽敢用**艾雪語句**（Escher sentence）來質問我？走開，你這個無賴！我甚至沒辦法……

＊觀眾發出刺耳的喧鬧聲＊

主席：秩序！秩序！是的，是的，那個比較級的錯覺乍看很有道理，但其實沒有結構良好的語意，它的確就是艾雪語句。我不會容忍在我的會議中有這種蠢事！警衛，信天翁部門，請用空運把這個討厭鬼從我的競技場中運走。

＊異想天開鷺被捕時發出憤怒的拍打聲＊

異想天開鷺：我的一票無論如何都無關緊要——極可能不會是決定性的那一票，所以為什麼要多此一舉地投票？基於**唐斯悖論**（Downs' paradox of Voting），如果你們都是理性選民，那麼你們都不應該投票，因為投票的成本大於預期效益……

＊主席倒抽一口氣＊

主席：等一下，你們這些蠢蛋！你們正試圖用投票來決定投票制度。你們這次的投票打算使用哪種投票制度來決定投票制度呢？你們這些浮誇的無政府主義帝國三合會的人，難道都沒注意到這個無意義活動中有個遞迴迴圈嗎？我受夠了這個愚蠢的咕咕把戲。我特此解散今年的鉅餌辯論會。

＊空氣喇叭聲＊

—— 錄製結束 ——

夕陽西下時分，猶豫又匆促的閉幕式開始。一如往常，無政府工團主義公社讓鉅餌辯論會不確定該做出什麼結論，但卻已經熱切等待著明年毫無意義的鉅餌辯論會。

或許，我們可以從這些烏托邦鳥兒們身上學到很多東西，但大概不是他們的辯論技巧吧。

4.2

練習題

50位投票者：

30位以斜線標示

20位以點狀標示

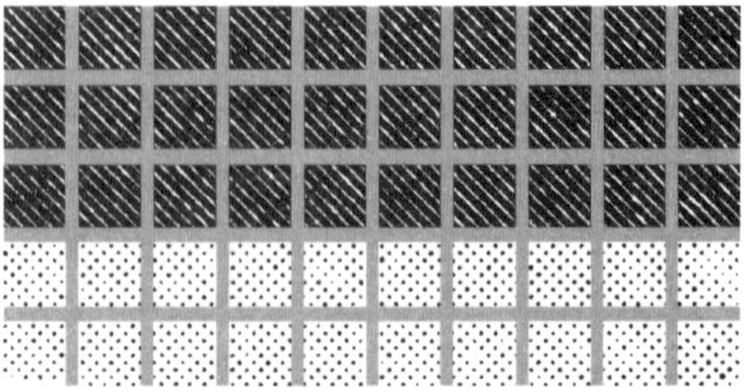

依型態分區

3個斜線區

2個點狀區

斜線獲勝

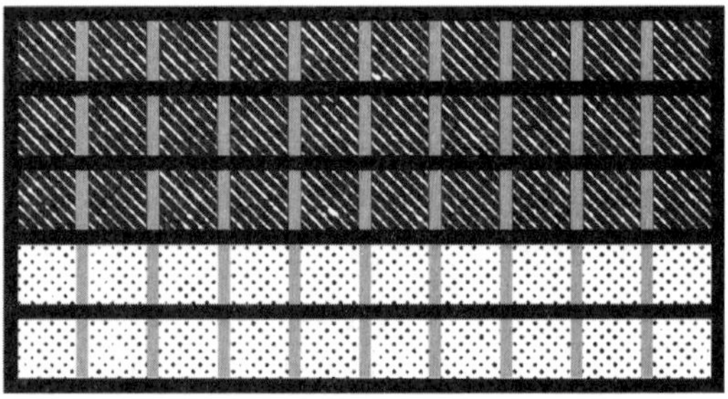

依緊湊性分區

5個斜線區

0個點狀區

斜線獲勝

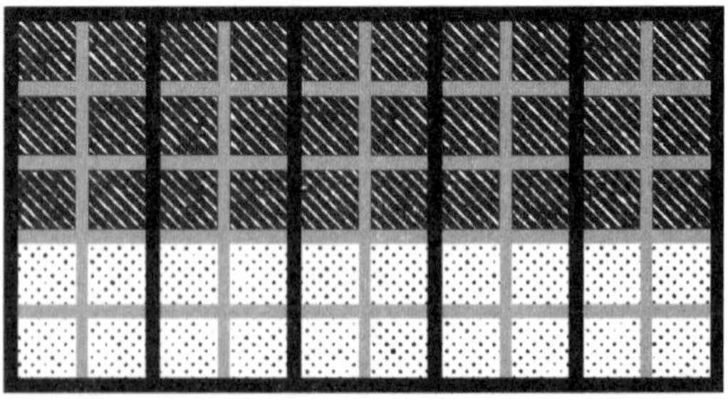

傑利蠑螈（不公正劃分選區）

2個斜線區

3個點狀區

點狀獲勝

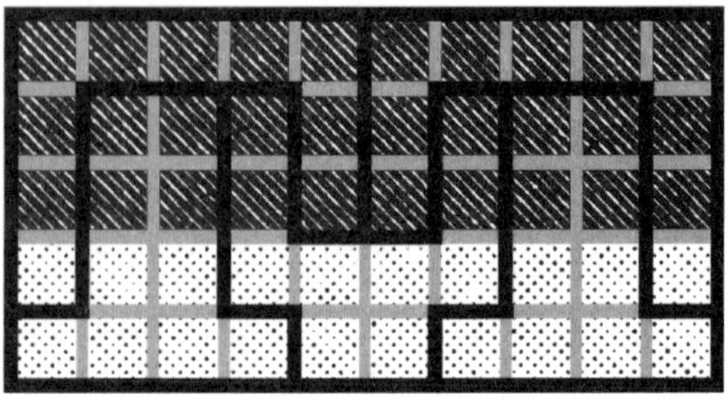

1. **傑利蠑螈／不公正劃分選區**（Gerrymandering）是將選區重新劃分以偏袒某一政黨的計謀。上頁是一些簡單的例子，顯示不同的選區劃分方式如何導致獲勝者的不同。

你的目標是對以下區域進行不公正劃分，分別為三種圖標找到一個使其獲得最多可能席次的劃分法。

你可以決定分區的區域大小（在大於3的條件下），只要所有分區的大小相同且相連即可。

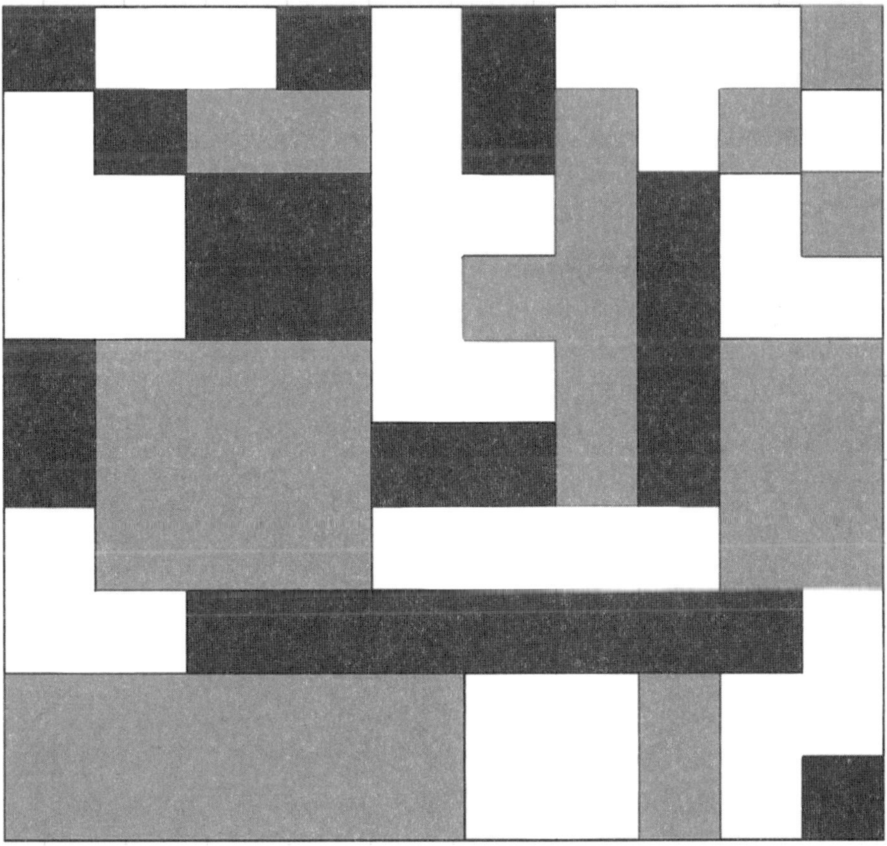

4.3
查一查

主題	專門術語
社會選擇理論	投票、*社會福利函數條件*：定義域範圍無限制、社會有秩序、弱帕雷托準則、無獨裁者、不相關選案的獨立性
投票	策略性投票、聯盟、排序投票制與基數投票制
選舉系統	抽籤、流動民主、間接投票
其他相關悖論	孔多塞悖論（Condorcet's Paradox）、唐斯投票悖論

休息時間

薛丁格的貓（Schrödinger's cat）
這是一首詩，健康強壯
押韻的對句，手法多方

關於一隻奇怪的爬行貓
比兄弟會的惡作劇更使人困擾

牠爬進一個盒子，想必是這樣
還帶了一個放射源，愚蠢荒唐

既是活也是死
莫非可餵食？

引我們回到原本的問題：什麼會被看見？
當我們打開盒子時，誰會出現？

貓會不會中毒，僵硬如屍？
或者正在夢中，幻想下一個吻？

如果我們不打開盒子，
如何猜想會發生什麼事？

同時活著且死去？
聽來是詛咒，而非福氣

這也不是一首詩，不過滿滿胡鬧
因為這個量子悖論，永遠不會被找到

第二部

疫情之亂

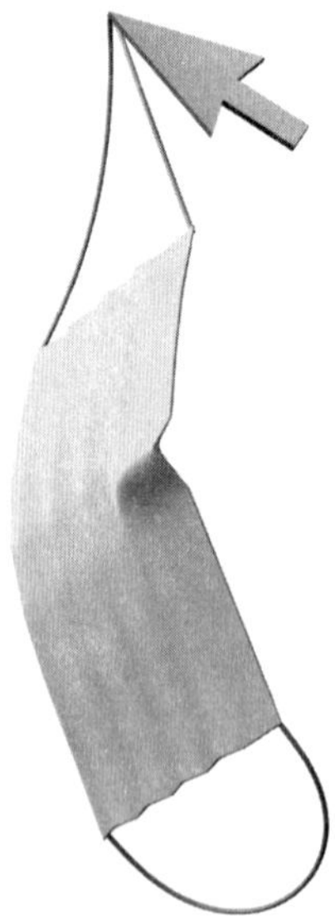

5.1

永恆病毒

一位新編輯試圖揭露新冠疫情期間刊登過的失誤報導

嘿，大家好！請安靜坐好，讓我們開始吧。如各位所知，我最近加入了這個團隊擔任主編，很高興能登上這艘火箭船！然而，為了替今天的會議定調，我被派來修正我們目前的編輯實作。可以這麼說，疫情如我們所知地改變了報導的方式，但我們必須牢記我們的基本原則。我注意到我們的編輯實作中出現了一種犯錯的趨勢——確切來說，就是作者們開始認為在科學報導中誇大事實是可以接受的。

今天是我們回歸基本原則系列會議的第一部分。這項倡議希望我們在困難時期仍能盡可能地準確報導，以及確保我們的讀者充分知情。

讓我們直接開始吧！

永恆病毒報導中的失誤
——假說篇

本系列的第一部分將聚焦於假說的提出。我將展示我們的報紙在過去這兩年來報導疫情的一連串不同片段，點出其中的胡說八道，還請原諒我的用詞。

好的，首先讓我們制定一些基本規則。所有的科學研究都是從假說開始的。

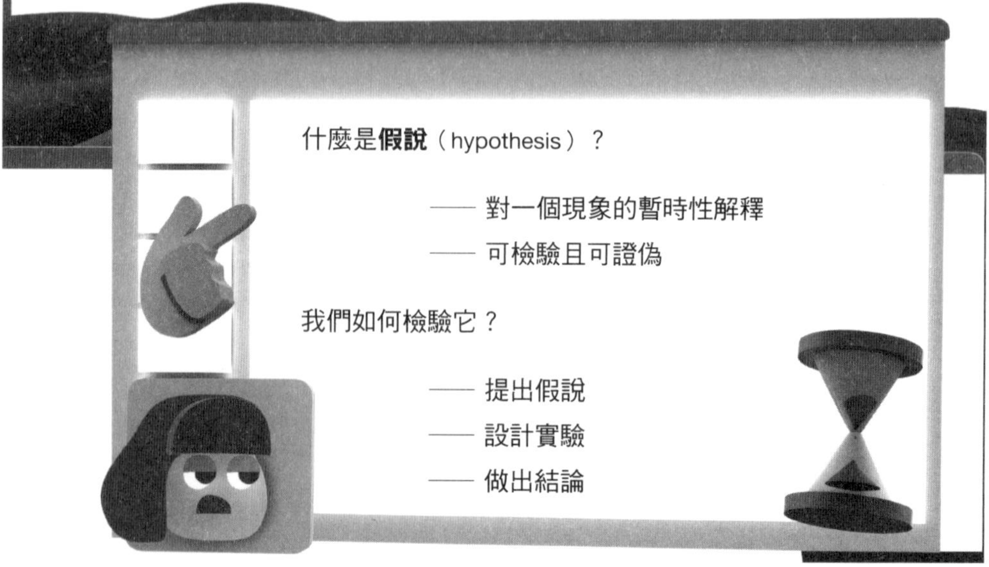
什麼是**假說**（hypothesis）？
—— 對一個現象的暫時性解釋
—— 可檢驗且可證偽
我們如何檢驗它？
—— 提出假說
—— 設計實驗
—— 做出結論

任何研究在開始的時候，都會提出一個假說，然後研究人員會努力證明該假說為真或為假。假說是基於有限的證據提出的解釋，用做進一步研究的起點。它必須是可檢驗的，且同時是可證偽的。別擔心術語！一個陳述是可檢驗或可證偽，分別是指它可以被證明為真或被證明為假。關於不可證偽的陳述，一個簡潔的例子是「上帝存在」。這就是為什麼人們認為上帝是否存在的問題不屬於科學領域：你要如何檢驗這樣的假說呢？

我們開始吧。一項研究分析了八個國家，其中四個國家實施了封鎖，四個國家沒有實施。我們得出結論，並將〈封鎖無效〉當作頭版新聞刊登。有人知道這裡有什麼錯誤嗎？

馬戲日報
10.04.2020
Sunday
震撼的研究發現：
封鎖無效
最近對八個國家的一項調查驚人地指出，封鎖對於新冠病毒的傳播速度幾乎沒有影響。觀察發現，在最新的奧米伽變異株的爆發期間，四個實施封鎖的國家和四個沒實施封鎖的國家，都顯示出相似的R0值。
...
這正是我所擔心的。看來這個團隊正慢慢進入一個危險的同溫層。請不要沉溺在**群體思維**（group-think）中，各位。

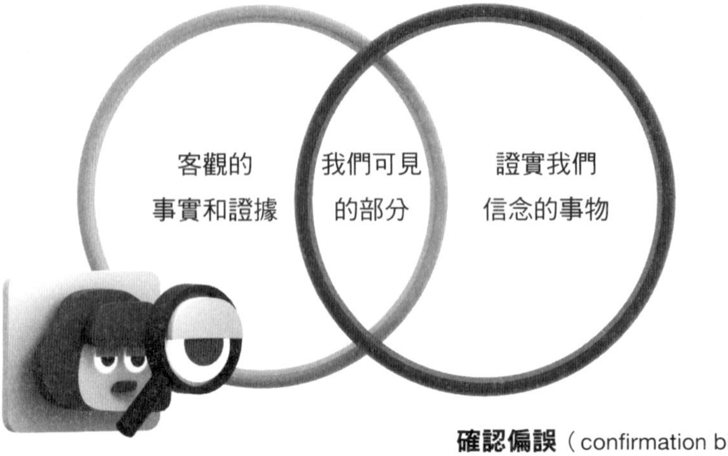

確認偏誤（confirmation bias）

我們傾向於關注那些足以證實我們假說和信念的證據，而不經意地忽略了可能抵觸我們假說和信念的其他趨勢。這可能比聽起來更危險，尤其是當我們記者試圖將複雜的科學結果翻譯成簡單的白話給讀者時。

在這篇文章中，我們最初僅根據 R0 值不樂觀的變化就得出封鎖無效的結論，但我們並沒有考慮人口統計、疫苗接種狀況、氣候以及文化因素，而這些很可能會對封鎖導出完全不同的評估。為了引人注目的標題而傳播錯誤資訊是記者最糟糕的作為。我知道這不是故意的，但我們必須格外留意以維護我們報導的誠信。

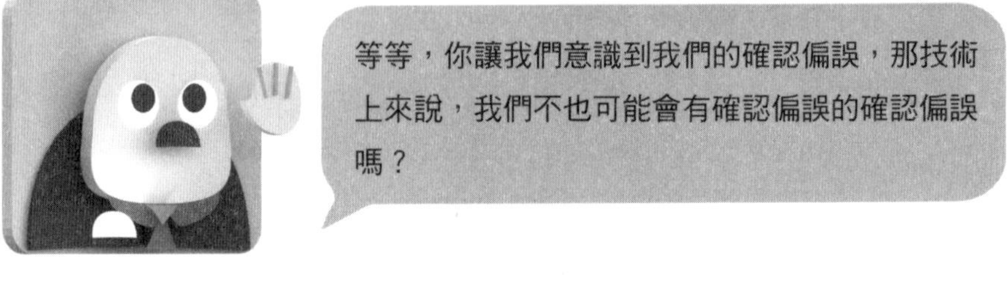

等等，你讓我們意識到我們的確認偏誤，那技術上來說，我們不也可能會有確認偏誤的確認偏誤嗎？

先別讓你的頭太痛！今天我們還有很多內容要吸收。這就帶我們來到了我們的另一個標題：〈為何要遵守戴口罩的規定？〉

先不談政治面，知道這裡出了什麼錯嗎？除了那個有問題的語法選擇之外。

馬戲日報
Tuesday
08.11.2020
為何要遵守戴口罩的規定？
你必須遵守法律規定，因為違法行為是違法的。現在法律規定在任何封閉空間內都必須配戴口罩，因此在室內不戴口罩是違法的。

一定是我們的論證背後的邏輯有點循環。我們沒給出一個恰當的理由，而只是告訴他們違法行為是違法的。

關於這個，正式名稱是**循環推論**（circular reasoning），我很驚訝只有在這裡被抓到，因為通常這種錯誤較容易被認出。不管怎樣，我想順便召喚循環推論的另一個變體：

柯里悖論（Curry's paradox）

當假說是自我指涉時。

由於B是一個任意的主張，形式遵循「若A則B」的任何邏輯式（其中A是自我指涉為真的主張），都可以用來證明任何主張B。

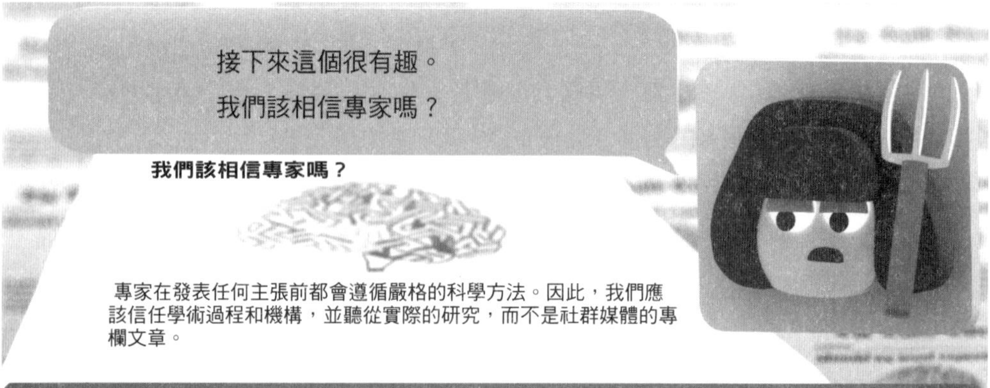

接下來這個很有趣。
我們該相信專家嗎？
我們該相信專家嗎？
專家在發表任何主張前都會遵循嚴格的科學方法。因此，我們應該信任學術過程和機構，並聽從實際的研究，而不是社群媒體的專欄文章。

這裡有件事稍有爭議。在我看來，專家可能會錯，但平均而言，他們比非專家的正確率來得高。無法改變的事實是，整體有時可能小於部分的總和。

讓我們以接受發表的標準來解析這件事。任何研究要獲得關注，或甚至引起一點小波瀾，都必須是令人感興趣的。在所有足夠有趣而值得檢驗的假說當中，只有極少數結果是正確的。由於我們的測量存在著不可避免的錯誤，因此錯誤的假說有微小的機會檢驗出來是正確的（**偽陽性**），或者正確的假說被檢驗出來是錯誤的（**偽陰性**）。是的，研究中確實存在偽陽性和偽陰性，我們應該要意識到這一點。舉例來說，當妊娠試驗顯示一名女性懷孕了但實際上她並未懷孕時，這就是偽陽性；而妊娠試驗如果顯示一名孕婦並沒有懷孕，那就是偽陰性。

在研究發表的例子中，我們已經把無趣的假說過濾掉了。在那些夠有趣且值得檢驗的假說當中，大約會有10%是正確的。因此，檢驗一千個假說，可能只有大約一百個是正確的。然而，檢驗還有5%的偽陽性率。

偽陰性

陽性和偽陽性

這裡的意思是，在那九百個實際上錯誤的假說中產出了四十五個偽陽性結果。此外，在那一百個實際上正確的假說中有20%的偽陰性率，因此他們只確認出八十個正確的假說，以及二十個偽陰性結果。

研究人員並不清楚什麼實際上是正確的、什麼實際上是錯誤的。他們只看到一大批假說，其中一百二十五個（八十個真陽性＋四十五個偽陽性）是正確的。保守估計，我們可以看到當中有四十五個是錯誤的。負面結果較為可靠，但不太可能發表。因此，對於發表文章的信任共識是個棘手議題，儘管我們已經建立了一個關於文章被接受發表的複雜過濾機制。

呼！這是一段紮實的獨白！大家都有跟上嗎？別擔心！這些投影片都分享在會議邀請中，你們之後可以去重看一遍。

所以，總結今天的會議，犯錯是可以的——這是人性的一部分，但是如果不從中汲取教訓，本質上就是選擇犯錯。做為一份報紙，我認為是時候翻開新的一頁了，並藉此機會精煉我們的編輯實作。科學報導，特別是在危機時期的報導是最為要緊的，讓公眾保持冷靜和充分知情是我們的職責。我瞭解我們需要一個突出的標題來吸引讀者的注意力，但可不要在品牌的品質和誠信上妥協了。從現在起，讓我們共同努力來提高產出的水準。《馬戲日報》有著巨大的遺產，而現在它正掌握在我們的手中！

好的，感謝各位一同參與。這場會議還真不輕鬆啊！我們終於來到了尾聲，感謝你們的時間。請享用外頭我用來賄賂你們的甜甜圈。

5.2
練習題

1. 請找出一篇上個月出現、有展現出悖論或偏誤的文章。

2. 下列各項語句是正確的還是錯誤的？請說明原因：

    a. 假說是科學方法的第一步。

    b. 假說必須是可檢驗且不可證偽的。

    c. **藍綠悖論**（grue paradox）是一個關於時間性假設的例子。

    d. **確認偏誤**是指當你強調與你信念相衝突的證據。

    e. 研究中存在著偽陽性和偽陰性。

3. 請在以下範圍中找出至少一個有確認偏誤的例子：

a. 你這門課教授所講授的內容。

b. 你的大學／學院／學校透過任何通訊方式發布的內容。

c. 本書作者撰寫在本書中的內容。

5.3
查一查

主題	專門術語
假說	奧坎剃刀、述詞、可證偽性、典範轉移，連錯都算不上
最小可行產品（MVP）	最小可行實驗、商業模式圖、精實架構、從0到1
其他相關悖論	藍綠悖論、古德曼悖論（Goodman's Paradox）

6.1
終結永恆病毒

以下篇章摘自世界衛生覺醒信託總長的日記

親愛的日記：

天空如同我的心情一般，灰濛濛又烏雲密布。我們宣布新冠肺炎為全球大流行病至今已好幾天過去，然而人們和政府都表現得荒唐可笑！難道民眾不再信任機構和專家了嗎？若是這樣，我的角色就失效了。

看著人類自我撕裂時，我變得越來越擔心。今天，我得知有一些叫做「新冠陽性」的可怕派對，積極慶祝新冠病毒的陽性反應。很顯然且名副其實地，這些令人羞於啟齒的派對是由國內確診的新冠肺炎患者所舉辦的。被感染的患者會準備一大缸果汁並往裡面吐口水，而所有參加聚會的人都會喝掉自己的那一份。這種魯莽的做法目的是要向世界表達抗議，顯示新冠病毒大流行是個騙局，它並不比「普通流感」更糟。於是，一方面我們有這些反對者，另一方面我們又有過度偏執的囤積者。我今天去超級市場時，真的不誇張，貨架上的衛生紙、消毒劑、肥皂、手套和口罩全都已被搶購一空。

我希望偏執狂們能夠體認到，他們為自己帶來的傷害遠大於好處。透過囤積這些必需物資，他們讓鄰近地區的其他人無法取得這些物品。由於無法獲得預防的資源，未受保護的鄰居現在更容易感染和傳播病毒，於是增加整個社區的風險，包括囤積者本人。這似乎有悖於直覺，但如果囤積者將他們的資源分享出去，實際上會比將所有資源保留給自己要安全得多。

「分享即關愛」再次聽來一如真理！

這種情況描繪了基本的**零和偏見**（zero-sum bias），也就是一個人認為自己的所得必定是他人的損失。他們沒意識到每個人會同得同失。最驚人的是，甚至有些國家也未能意識到這個基本概念。新冠病毒無論在哪都會對人類構成威脅。因此，醫療物資和個人防護設備（PPE）應充分共享，以降低病毒變異的風險。最終，我們最好是做為一個星球來共同戰勝新冠疫情，而不是玩一場打地鼠遊戲——個別區域的痊癒，只為等著一名超級傳播者從另一區域到來而再度爆發。

如果你認為作為一個跨政府的全球組織，傳遞常識已經很困難了，想像一下當你提出的建議還得陷入大量的專門術語時會是什麼情況。例如，今天我在某堂生物課上聽到同學們說：「讓我們先假設T細胞（是淋巴細胞的一種，在免疫反應中扮演著重要的角色，T是胸腺〔thymus〕的英文縮寫）在新冠肺炎的發病機制中發揮作用。」T細胞是什麼？我想我必須熟習病毒學、免疫學、社會學和流行病學的**全部**專業術語，因為看來這在可預見的將來會成為一個籠罩著我的陰影。

唉。我只是希望人們能盡快認真看待這件事，否則我們的死亡人數將會滾雪球般增長。尤其是那些聰明的老年人。

世界衛生覺醒信託總長 敬上

親愛的日記：

今天的新聞令人震驚。上面寫道：「85%戴口罩的人感染了新冠肺炎。」

我的第一個想法是：這是個誘餌式標題或假新聞。但經過更仔細地閱讀就會發現，是世界上最大經濟體的總統公開發表了這些誤導人的胡言亂語！這是否表示戴口罩會導致感染新冠肺炎呢？這是一個非常令人困惑和矛盾的訊息，而發布的當局先前已下令要強制戴口罩。

顯然，我必須深入挖掘、追根究底。我正深陷在大量文章和報告中。諷刺的是，我對此案的起訴引起了經典的**檢察官謬誤**。那個驚人宣稱的基礎來自一項廣泛進行的研究。該研究指出，在感染新冠肺炎的人當中，有85%的人表示他們習慣性地戴著口罩，但總統把它誤解成意指85%戴口罩的人會感染新冠肺炎。這幾乎就像是戴口罩會導致感染新冠病毒一樣。這有多離譜呢？

這就像是報導「百分之百找到工作的人都擁有紐約大學的學位」，而不是「百分之百獲得紐約大學學位的人都找到了工作」。多麼荒謬！

正是出於這個原因，我對於自己所說的每一句話都感到焦慮，害怕遭到誤解。不可思議的是，這位備受敬重的總統毫無保留地發布各種形式的扭曲統計數據，或許正是因為他們有意引起混亂和衝突。當世界上的人們收到來自四面八方摻雜在一起的真相和謊言時，我們要如何做好我們的工作，鼓勵理性而明智的行為呢？

我真的非常擔心我們的內心能否平靜。如果不能，焦慮就會殺死我們。

世界衛生覺醒信託總長 敬上

親愛的日記：

我的一天始於一個衝擊。當我聽到電視上一位自大的記者報導吸菸能保護我們抵抗新冠病毒時，我真的把我的晨間咖啡打翻在地。真是太可笑了！任何有常識的幼兒都會告訴你吸菸對我們的肺有害。

記者接著指出，對住院病患進行的新冠肺炎檢測，顯示出吸菸者的感染率低於非吸菸者。而且，吸菸者在感染新冠肺炎住院患者中的比例，低於吸菸者佔廣大全體民眾的比例。舉例來說，在中國因感染新冠肺炎而住院的患者中有8%是吸菸者，而總人口中有26%的吸菸者。

我非得更深入研究這些數字不可，最後我的團隊終於弄清楚了。標準的**伯克森悖論**（Berkson's paradox）正在上演中。 :(

讓我解析一下，以確保我有正確理解：

=> 吸菸和感染新冠病毒都是住院的原因。

=> 假設患者僅因兩種原因的症狀住院：吸菸和新冠肺炎。

=> 在這群住院者當中，大多數吸菸者顯示出較低的新冠肺炎感染率，因為他們大多只因吸菸引起的疾病而住院，並不一定也感染了新冠肺炎。

=> 由於對選定的人群進行抽樣，我們發現吸菸與新冠肺炎之間出現了一個關聯性。

=> 因此，感覺就像是吸菸越多會導致越不嚴重的新冠肺炎，反之亦然……

=> **這顯然是不正確的 ！**

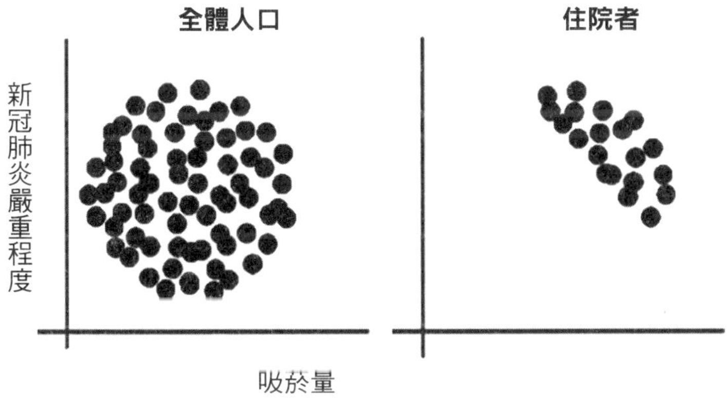

如果新聞機構和科學家根本就是在合謀推翻常識，我們要如何戰勝這該死的病毒？！

世界衛生覺醒信託總長 敬上

親愛的日記：

「人類所有的問題都起源於無法安靜地獨自坐在房間裡。」

令人遺憾的是，做為一個機構，我們現在已落得聲名狼籍了。由於我們堅定的專業建議（例如戴防護口罩和持續封鎖），我們在輿論眼中早就不受歡迎。現在，如果我們揭露封鎖措施的成功（或不成功），將會激怒人們。

我並不是說封鎖沒有效果，但那樣做並不值得。封鎖疲勞和整體士氣低落甚至不是主因——看看這次封鎖的經濟成本，你就會發現那很驚人。在憑空變出針對這種病毒的戰鬥計畫的同時，我們堅定地站在全體公民福祉的立場——當人們對這種病毒知之甚少時，風險是很大的。然而，這項措施也許有些太倉促……當購物中心、電影院、旅遊、餐廳等許許多多行業不是遭受毀滅性的打擊，就是因不健康的供應鏈直接被迫停業。對於這些行業的人來說，如果他們連自己小孩都養不起，社會責任和公眾福祉又有什麼重要的？

許多政府甚至為了政治利益，扭曲了我們的福祉優點。這項措施引領他們度過原本無法取勝的選舉，並使輿論轉向支持他們。但現在這回過頭來反噬他們了。他們罪有應得，誰叫他們用可惡的議程腐化了一場大規模的健康危機。

起初，世界各地都實施了封鎖，但如今很明顯地這項措施並沒有什麼幫助，如果政府決定停止封鎖，顯然又是種政治自殺，因為他們無法解釋已經為此浪費的資源和時間，於是只能承認自己的無能並接受丟臉——展現了**沉沒成本偏誤**（sunk cost bias）。慣性太大了，以致無法停止這種對時間、資源和精力的錯誤浪費。

所以，這些嚴苛的措施必須停止，因為它們對任何人都沒有好處。顯然沒有發揮作用。

世界衛生覺醒信託總長 敬上

親愛的日記：

終於有好消息了！至少理論上如此。

我們發現了一個奇妙的概念，叫做**帕隆多悖論**（Parrondo's paradox），它指出：

「結合兩種失敗的策略，透過交替採取兩種各失敗策略中的一項對策，有可能創造出一種獲勝的策略。」

當迄今為止所考慮的每一種策略似乎都是以經濟健康或人口健康為代價時，我們意識到有一種方法可以巧妙地平衡優化兩者——只需透過交替進行。

失敗策略一：對所有年齡層的人實施全面封鎖，以付出經濟健康的極端代價來保障人口的健康

失敗策略二：完全開放經濟，讓人口自由流動，以付出人口健康的極端代價來保障經濟的健康

單獨遵循其中任一種策略，都會帶來災難性的後果。但在我們的模擬中，將兩者以其最佳時間段來交替進行，經證明可得到出色的結果！當然，由於各國的人口、醫療、家庭結構的統計數據差異很大，因此每個國家轉換策略前的時間區段會有所不同，例如阿富汗主要都是住很近的大家庭，而荷蘭平均來說家庭規模小且住得相當遠——因此，他們在轉換策略之前需要封鎖的時間長度可能會有很大的差異。

如果政府去研究轉換每種策略之前的理想時間段，就很可能得出一個可行且平衡的解決方案。事實上，一位研究人員表示，可以構作一種稱為「**圖靈模式**」（Turing Labyrinth）的群體免疫奇怪東西。也就是說，交替使用這些失敗策略能以一種偽控制的方式刺激病毒傳播，已康復並因此免疫的群體接著形成病毒無法穿越的迷宮壁，從而將感染者與脆弱者隔離開來。這幾乎就像是我們將病毒阻擋在免疫人群迷宮的小口袋裡一樣——減少瘋狂傳播並隔離疫情熱點！

有趣的是，模擬僅解釋了人口健康和經濟成本。我們其實也可以將模型修改，納入像是心理健康甚至環境損害的任何其他特性。

我們僅受限於自己的想像力和創造力。

世界衛生覺醒信託總長 敬上

親愛的日記：

又是新的一天，又有爛攤子要收拾了。

如果再讓我聽到**一次**羥氯奎寧，我發誓我會扁人。早在造成更多混亂之前，那篇論文就被撤銷了。

在那篇如今極具爭議性的羥氯奎寧論文中，研究人員愚蠢地

以六天的追蹤期做為患者納入試驗的標準。換句話說，在此期間死亡或病重的人不會被納入——只有倖存下來的人才會被考慮參與這個試驗。很顯然，參與試驗的患者較為健康，勢必表現得明顯優於原本那批實驗對象——包括那些無法通過六天追蹤期的患者。這導致錯誤的因果推論，即羥氯奎寧可用於治療新冠肺炎，於是看吧，全球性的錯誤資訊傳播開來，混亂隨之而來！

這種似是而非的情況來自於**倖存者偏差**（survivorship bias）——一種邏輯錯誤，其中偏頗的樣本選擇程序，只考慮了經過一個時期倖存下來的特定部分群體，而忽略了在同一期間未

通過的樣本。這種偏差導致扭曲的觀點，無法解釋更大的圖像或完整的現實。

權威人士如果想要左右輿論，就很容易相信這些受到稱讚但實際上有缺陷的臨床試驗——他們可以引用那些取得正面成果的特定例子，以此掩蓋嚴酷的現實。

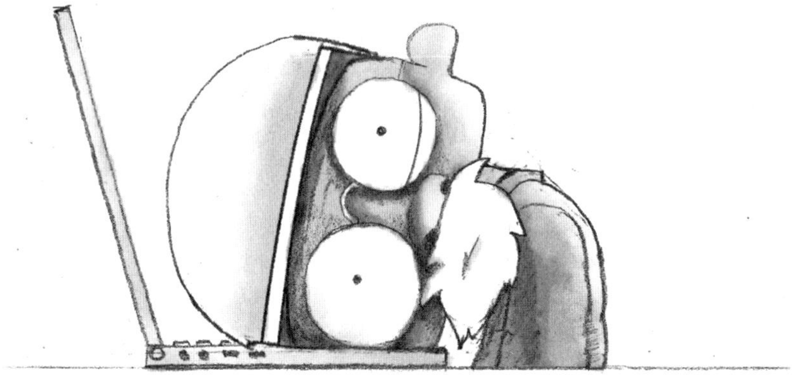

但該研究結論並不屬實。

整起事件再度印證了那句老話：死亡阻止了住院，而不是住院阻止了死亡。

世界衛生覺醒信託總長 敬上

親愛的日記：

隨著疫苗試驗的喧囂，這場疫苗競賽似乎已演變成一場滑稽的遊戲。在每家公司都傳出越來越好的成績之下，它正在變成一種飛鏢遊戲。遮蔽在罩子下錯綜複雜的細節不再重要，而且我們在報紙上看到的一切都開始模糊不清。就這樣，真正重要的數字正嚴重迷失在「科學發現」的豬舍裡。

這番斥責不是無緣無故的。

今天，在我盡職地對阿斯特捷利康（AstraZeneca）疫苗數據進行調查時，碰巧發現辦公桌上放著一份即將發布的新聞稿，上面的標題讓這次的疫情應對措施看起來就像是一齣戲謔的模仿。如此充滿缺陷的科學研究是怎麼走到這一步的？！

解析一下：

這不過是**確認偏誤**的作用罷了；這些人為一個群體提供了先機，以此改變了最終得到的結果。還記得有人自豪地報導阿斯特捷利康是最好的新冠肺炎疫苗嗎？好吧，這個結論性的標題被證明具誤導性，因為所引用的研究未經過適當的檢查。

巴西的一群人偶然下接受了一次較小的初始劑量，後來似乎巧合地取得了更好的表現。基本上，巴西那群受試者是為了檢查是否會過敏，而在參加實驗之前注射了少部分的劑量。這發生在試驗的很久之前，實際上發揮了預先加強劑的作用，結果提高了免疫力，並因此提高了疫苗的整體效率。本質上來說，他們甚至在試驗開始之前就汙染了試驗。

這樣說吧，阿斯特什麼的東西永遠別想進我家門。

世界衛生覺醒信託總長 敬上

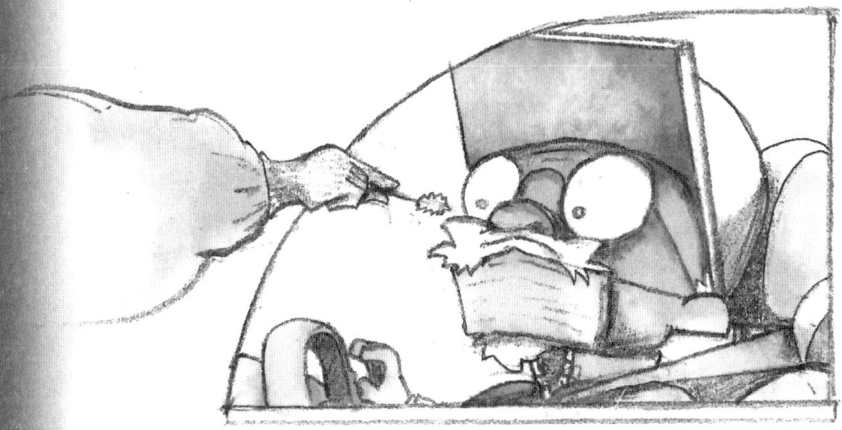

親愛的日記：

今天，幾位年輕的紐約大學科朗數學科學研究所的畢業生向我提出了一個有趣的計畫。他們首度將一個名為「**友誼悖論**」（friendship paradox）的反直覺圖論概念，引入疫苗接種的部署策略中。

傳統上，疫苗接種的做法是先緊急接種，接著是必要接種，然後再擴展到一般大眾；意即先是老年人或患有合併症的高風險患者，然後是前線和醫護人員，最後才是我們其他人。但當疫苗接種到我們的時候，往往是純粹臨時性的安排，並沒有條理。因此，這些年輕人開始透過一種新穎的方法來改善大規模的推廣，而且幾乎不需要額外的運算資源和精力。

友誼悖論的核心要點是：一般人擁有的朋友數量比他們的朋友擁有的要少。直覺上來說，可以理解為少數人有很多朋友，而大多數人有較少的朋友；也就是說，人們擁有的朋友數量遵循冪定律曲線（The Power-Taw Curve）。

這個觀察意味著如果你隨機挑選一個人，他們較有可能與朋友很多的人成為朋友，而不是與朋友較少的人成為朋友，因此在這名隨機者的朋友中選一位時，你較有可能找到的是一個擁有更多朋友的人。

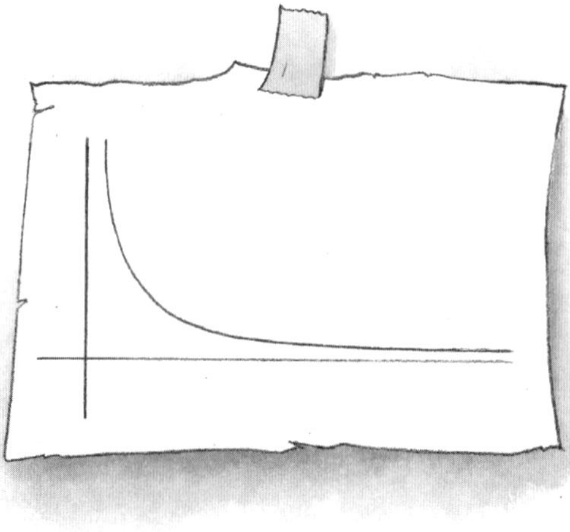

冪定律曲線

對於愛好圖論的人來說，很容易將友誼悖論形象化。考慮一個圖，其中的節點是人，邊是友誼的對稱關係。如果隨機選擇一條邊，你會發現度數較高的頂點，比度數相對較低的頂點更有可能被選中。

奇怪的是，這種想法已經跨入流行病學領域；2010年的一項研究顯示，利用友誼悖論，流感的爆發可以在傳統監測方式的近兩週之前就偵測到。

這些研究人員開發了一種極其靈活的開源工具，也就是稱作「疫情模擬器」（Episimmer）的疫情模擬平台，用來協助將諸如此類的有趣對策加以充分檢驗。

自我提醒：以後有需要時要記得使用疫情模擬器。

世界衛生覺醒信託總長　敬上

6.2
練習題

這道謎題總共二十三題。每解答一題，你會得到一個字母。使用這些字母拼出一則英文短語。數字1至26依序分別代表字母A至Z。每過一次26便重新從A開始計數（也就是1、27和53都代表字母A）。數字0代表空格。

_ _

1. 什麼細胞經證明對長期新冠肺炎的免疫力至關重要？

2. 最不容易感染新冠病毒的血型。

3. 同第1題。

4. 總共有幾大洲沒出現任何新冠肺炎病例？

5. 填空：拉平曲線（f_atten the curve）以減緩病毒傳播。

6. (x–a)(x–b)(x–c)...(x–y)(x–z)=?

7. 這道謎題中有多少題不是這一題？

8. 1–1+1
   1+1–1
   1+1–1=？

9. （提示：此圖所示之物的英文名稱）

10. 同第19題。

11. （提示：此圖所示之物的英文名稱）

12. 填空：__K細胞對於宿主在抵抗受病毒感染的細胞上，扮演了主要角色。

13. 有五行五列共二十五張桌子在一間辦公室中。為了疫情期間的絕對安全，一名瘋狂的經理設法確保沒有兩名員工處於同一行、同一列、同一對角線，以遏制傳播。此辦公室最多可容納多少名員工？

14. 將第4題的答案減去第8題的答案。

15. 媽媽要我去藥局買口罩和消毒劑。她請我拿一個裝有錢的信封去商店。她告訴我信封裡的金額和信封上所寫的一模一樣。我看到信封上寫著「98」。在店裡，我買了東西總共是90美元，但到了付款的時候，我發現錢不夠。我缺了少錢？

16. 將字母表（alphabet）反向排列，答案是從前面數來的第二個字母。

17. 我人位在梯子的中間層。我往上爬2個梯級又往下掉4個梯級。然後，我休息兩小時再往下爬1個梯級。待體力恢復後，我爬了9個梯級到達梯子的頂端。我需要爬下多少梯級才能到達底端離開梯子？

18. 填空：「hippopotomonstrosesquipedaliophobia」是指一種對 _ _ n _ words的恐懼。這題答案中的第二個字母就是你要找的字母（這種問題是可解決的。如果你現在感到害怕，這是件好事）。

19. 同第22題。

20. 填空：__0值是疾病的傳染性或傳播能力的指標。

21. 你正在閱讀這一題的機率是多少？

22. 同第9題。

23. 填空：SIR –> SEIR –> SE_AR（提示：流行病傳播的數學模型名稱）

（解答：total vaccine democracy）

6.3

查一查

主題	專門術語
流行病學	發生率、盛行率、罹病率、死亡率、隔離檢疫、人類白血球抗原（HLA）
隔室模型	易受感染、已感染、已康復、隔室、SIR模型、疫苗、群體免疫
其他相關悖論	羅斯的預防悖論（Rose's Prevention Paradox）、佩托悖論（Peto's Paradox）、前導期偏差、病程長度偏差、適應症干擾、健康工作者效應

休息時間

哥德爾不完備定理（Gödel's incompleteness theorem）

在任何合理的數學系統中，
總是存在著無法被證明的真實陳述。

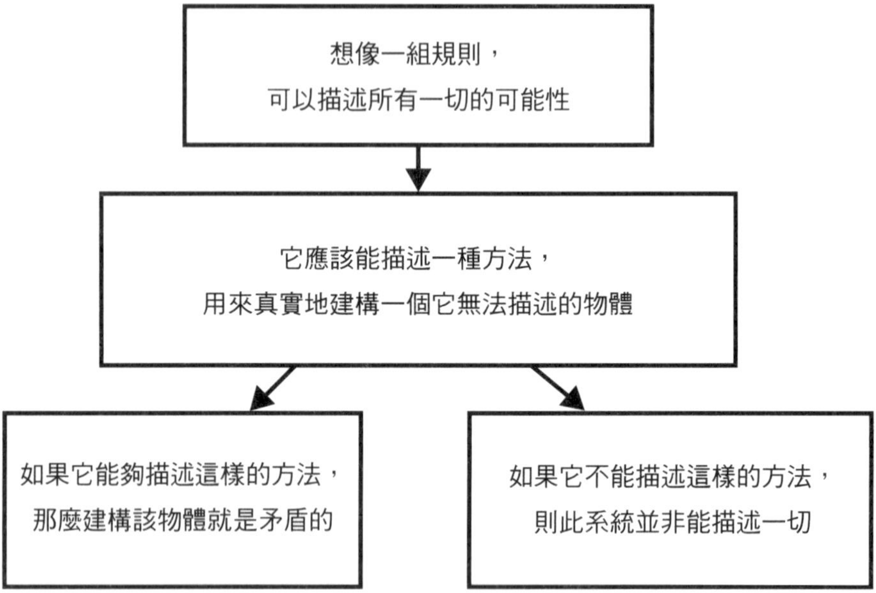
想像一組規則，
可以描述所有一切的可能性
它應該能描述一種方法，
用來真實地建構一個它無法描述的物體
如果它能夠描述這樣的方法，
那麼建構該物體就是矛盾的
如果它不能描述這樣的方法，
則此系統並非能描述一切

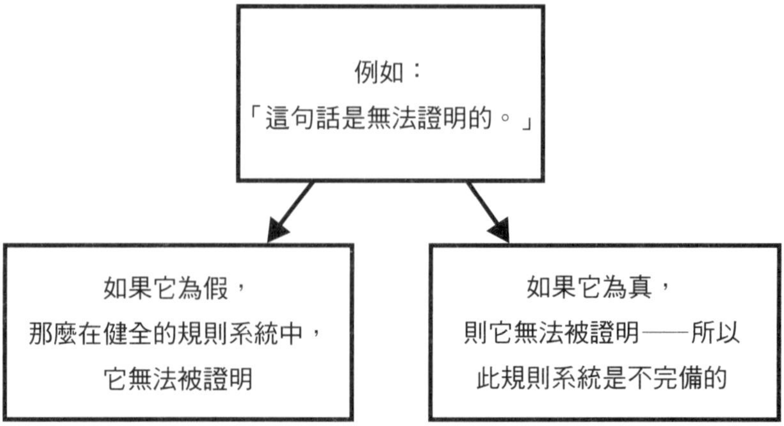
例如：
「這句話是無法證明的。」
如果它為假，
那麼在健全的規則系統中，
它無法被證明
如果它為真，
則它無法被證明——所以
此規則系統是不完備的

第三部

違反直覺的大混亂

「謝謝你今天進來，看你覺得哪裡舒服都可以坐下。」

7.1

邏輯大爆炸

當婚姻對健康有害時

（一對煩躁不安、好爭論且互不相讓的夫妻莫西特和瑞亞受邀到一位治療師的諮商室，進行他們第一次的伴侶諮商。）

醫　生：嗨，瑞亞和莫西特，很高興認識你們，請坐。

（隨著他們都安定下來，彼此閒聊了幾句。）

醫　生：那麼，你們是為何而來呢？

（瑞亞向旁邊瞥了一眼她的先生。）

莫希特：哎呀，我能說什麼呢！就像柏拉圖說的：「你在一小時的遊戲中能發現關於一個人的資訊，超過在一年的對話中能發現的。」我和她進行了一整年的交談，結婚前我被她詭計多端的老婆魅力給吸引。我應該只玩一場遊戲就好，這樣我的幻想就會破滅。她咀嚼邏輯，咀嚼到讓這個世界對我不再有意義。所謂無中生不出有。我已成為一個**虛無主義者**（nihilist）。虛無主義者啊！*（拳頭用力打在膝蓋上）*

瑞　亞：我想，這些情緒化的吐露總結了一切。

莫希特：*（嘀咕）*什麼吐露，妳是指妳因為懷了別人的孩子所以嘔吐嗎？

瑞　亞：外遇？*（翻白眼）*你沒有理由認為我有外遇。

莫希特：你連手機都不肯給我看！顯然妳在偷吃。

瑞　亞：哦，我們又要回來吵這個嗎？

莫希特：沒人能證明妳那天在家，這就代表妳一定是出去了。

瑞　亞：因為我自己一個人在家啊！沒人能見到我，因此也沒有人可以證明這一點。不要再**訴諸無知**（appealing to ignorance）——一個命題不會因為尚未被證明為假，或是沒有證據反對它，就必定為真。按照你這個邏輯，既然沒人能證明我當時在外面，那我當然就一定是在家裡了。哈！

莫希特：那麼，聰明小姐，請用妳*（引號手勢）*「寶貴的邏輯」向我證明妳從未有過外遇。否則我為什麼要相信妳？*（惡意地）*

瑞　亞：這毫無意義，而且只是在**轉移舉證責任**（shifting the burden of proof）——要我用我的邏輯，證明給你看我沒有外遇。

莫希特：妳總是用一些花俏的術語來讓我顯得沒知識。放下妳的優越感吧！如果妳真的想要挽回，那就讓我檢查一下妳的手機。就這麼簡單。

瑞　亞：為什麼？

莫希特：我讀過一篇可靠的研究報告——「如果她讓你檢查手機，那她就沒有外遇。」這就表示：「如果她不讓你檢查她的手機，那她就是有外遇。」

瑞　亞：*（平靜地）*這就是**否定前件**（denying the antecedent）。這就像是說「如果下雨，比賽就取消；但沒有下雨，所以比賽沒有取消」。但比賽可能因為其他原因而取消啊！

莫希特：你又來了。妳和妳的家人一樣都是狒狒——沒同理心！*（用手指著她）*

瑞　亞：如果我是隻狒狒，而家裡那些孩子是你的，那你也是一隻狒狒了。廢話！不同物種不能一起生孩子。此外，這是**人身攻擊謬誤**（adhominemfallacy）——當你的邏輯不通時，你不能開始對我進行人身攻擊。

醫　生：*（慌張）*等等，你們兩位，讓我們回到基本問題的討論吧。

瑞　亞：基本問題的定義是？

醫　生：好吧……呃……第一條原則。諮商的一百零一條。莫希特，何不告訴我們是什麼讓你認為她可能在偷吃。

莫希特：唉呀，就是有那麼多的機會！

醫　生：給我個例子。

停頓。

瑞亞不耐煩地查看她的手機。

莫希特：嗯……事情可能始於她把手機忘在家裡。

瑞　亞：你看，他對我的手機這麼執迷。*（竊笑）*就只是因為他吃醋我比較關注手機而不是他。

醫　生：別打岔，讓他繼續。

莫希特：方便的是，電話在家裡。於是，她開始跟同事們借電話，而那同事碰巧是個男的。然後，慢慢地，她不小心看到他的一些照片。接著，她開始聊那些照片，在我們意識到之前她就在外遇了。沒過多久——她跟我說他們的孩子是我的！

莫希特停頓了一下，臉上的表情千變萬化，最後終於驚叫出來。

莫希特：*（歇斯底里地）*天哪！她以前也忘記帶手機過。*（抱頭哀嘆）*那就表示我的小孩不是我的。

瑞亞用手摀臉。

瑞　亞：他只是變得歇斯底里而且陷入**滑坡謬誤**（slippery slope fallacy）。他老是如此，用情緒來博得同情。

莫希特：不，我沒有。*（氣呼呼且交叉雙臂）*

瑞　亞：他變得非常情緒化，不再有任何邏輯。不像我，我是個有邏輯的人，不受情緒左右的那種人。

莫希特：好啊……妳跟我結婚了！

瑞　亞：看看這讓我得到了什麼！*（挑單眉）*

醫　生：我們都喘口氣吧……各位——記著你們擁有過的美好時光，你們並不想將所有投入的時間都浪費掉。

瑞　亞：這是一個**沉沒成本謬誤**。我們應該理性地停損。我們度過的時間已經過去，但我們即將擁有的時光還在。

醫生：你無法知道事情是否都只會變糟。

莫希特闖進對話。

莫希特：唉呀，當然會啊，醫生。*（眼神狂野）*我一定會在地球上尋找一位物理學家，然後回到過去，阻止自己結婚。所以，可以肯定的是，要嘛我在那之前就被殺死，要嘛和她一起生活的壓力讓我崩潰。

瑞　亞：我好佩服啊。這聽起來很合邏輯，但其實並沒有。又是隨便一個看了太多科幻電影的傢伙。*（諷刺地鼓掌）*但一個關於時間的論證，是你比較有創意的版本呢！

莫希特：*（幾乎是喊叫）*我可以拿妳那無聊的邏輯發揮更多創意！*（轉身面對醫生）*你知道嗎，瑞亞告訴我，存在著多重宇宙，而且所有可以發生的可能事件都會發生。

醫生：*（困惑）*所以呢？

莫希特：*（從一開始的安靜變得越來越激動，直到最高點後，終於搞清楚）*這不就表示，在某個世界裡，瑞亞曾經跟你有過一段戀情？我怎麼能相信你們兩個？

醫生發出惱怒的聲音。停頓。

瑞　亞：你知道嗎，我認為我打敗他了，用邏輯打敗他的。我覺得在我教他一些高中科學知識時，他就輸掉了。

醫　生：讓我們避免繼續挖苦彼此，換個話題吧。我想瞭解引發你們爭吵的原因。你們能告訴我這些衝突是如何開始的嗎？

莫希特：何不由妳開始？

瑞　亞：當然。這個愚蠢的男人昨天把我昂貴的派對鞋給燒了。我沒有因此跟他起衝突，因為我想在你面前處理這個問題，醫生。

醫　生：莫希特，你為什麼這麼做呢？

莫希特：我有一個非常正當的理由。那雙鞋要花我一大筆錢來保養它，根本就不值得。不知為何，每次她穿那雙鞋，我們最終都會花很多錢吃晚餐。它是引來財務厄運的磁鐵。

醫　生：真有趣。瑞亞，願意詳細說明一下嗎？

瑞　亞：那是因為只有去非常好的餐廳時我才會穿那雙鞋。我的鞋子並沒有導致高額帳單。我只有在會是一頓昂貴的晚餐時才穿它。你因為某個愚蠢的**因果謬誤**（causal fallacy）而燒了它，那是你混淆了因果關係。

醫生靜靜地做著筆記，引起了莫希特的注意。他試圖挽救。

莫希特：*（心煩意亂）*這還不是全部。我想要幫她。我還注意到，當她穿著那雙鞋上床睡覺時，醒來通常都會頭痛。

瑞　亞：等一下，什麼？你真心要我解釋嗎？我確定當我把跟你的這些互動寫成書時，讀者會毫無懸念地猜出原因。

莫希特：別想逃避。我確信這一點，因為我幾乎每次都看到這種情況發生。

瑞　亞：我只有在喝醉了的時候才會穿著鞋上床，而發生這種情況大多是因為我必須應付你。所以我穿著鞋和我頭痛都是因為喝酒。它們除了有共同的原因之外，彼此之間沒有關聯性。

莫希特：哦！嗯……我的錯。

醫　生：第無數次提醒，**關聯性不等於因果關係**。

（莫希特轉向醫生，因為他感覺自己正在失勢。）

莫希特：*（激動）*該輪到我來講原因了。

醫　生：莫希特，你看起來有點緊繃。請放輕鬆，這是一個安全的空間。

莫希特：你不明白，醫生；她會喋喋不休地談論最空洞無聊的小事，假裝它們是生死攸關的大事！

瑞　亞：我講的沒有一件事是空洞無聊的。

莫希特：哦，真的嗎？*（諷刺地）*那妳糾結於我用牙膏擠了幾下的時候呢？要麼愛我的一切怪癖，要嘛就離開我啊！

瑞　亞：很棒哦，這是一個**假兩難推理**（false dilemma）——當實際上存在更多選項時卻只提出有限的選項，並且專注於兩個極端。為什麼不能選一個中間立場的妥協呢？

醫　生：這聽起來確實是個好主意。

莫希特：嗯，我們試過了，但從未真的發生過。她非常專注於找到確切的中間立場；這引發了更多的爭吵。

瑞　亞：我們說的是中間立場，我想要做到公平。所以我們必須確切弄清楚你對自己的怪癖有多重視，以及我對我的邏輯有多重視。然後，我們必須找到雙方都能得到相同價值的最佳點。

莫希特：是的，我同意了不是嗎？但妳停不下來，而且變得貪婪。

瑞　亞：事實並非如此。直到我們達成共識後，我才找到中間立場。我意識到我為此付出了多少心思。所以我必須將其價值考慮進去。這很花時間。

醫　生：莫希特，你應該讓她去做。這肯定不會有什麼大不了的。

莫希特：醫生，我本來是可以的，但結果她占我便宜，不停下來。第一次迭代校正之後，她又想要加上第一次迭代的價值，以取得第二次的迭代校正。我突然醒悟——這件事永遠不會停止。

瑞　亞：那又怎樣？由於它呈指數級減小，就像**芝諾悖論**（Zeno's paradox）一樣，隨著每個增量都比上一個增量呈指數級減小，它將會收斂到一個點。

莫希特：我不這麼認為。妳要怎麼永遠持續增量，並確定它不會變得越來越大？

瑞　亞：它確實會變大，但有界限。

醫　生：好了好了……我們再試一次如何？能不能告訴我今天是什麼特別原因驅使你們來找我？

瑞　亞：*（冷嘲熱諷）*嗯，我救了他的命，但他的厭女情結讓他很不舒服。

莫希特：妳的所做所為真是愚蠢至極！當我們的生命正在危急關頭時，還在跟竊賊頂嘴?!

瑞　亞：聽著，醫生，事情就是竊賊說：「要錢還是要命？」我說：「好啊。」很簡單的答案，因為我們實際上可以同時保住我們的金錢和生命。

莫希特：那純粹是妳運氣好，他放我們走只是因為他覺得妳很好笑而且認為妳很有種。妳根本不知道他可以接受這種話。

醫　生：好吧……我開始看清故事的全貌了。

莫希特：請確保你有注意到我的故事情節絕對正確，而瑞亞是個不可靠的敘述者。

瑞　亞：哦，是嗎？是什麼使你成為完美的說故事者呢？

莫希特：這麼說吧，就我記憶所及，我不曾忘記任何事。

瑞　亞：*（嘲弄地模仿他）*「根據我的大腦，我的大腦是可靠的。」這是什麼**循環推理**（circular reasoning）——醫生，我希望你一點也不相信這種話。

莫希特：這根本就不重要！妳能不能別再把我話裡的所有情感都抽掉？妳明白感覺

其實很重要，對吧？*（雙手往空中揮）*我們又不是機器人！

瑞　亞：如我先前所言，我是一個有邏輯的人，我不會情緒化。

莫希特：好啊，妳跟我結婚了！

瑞　亞：你已經用過那個哏了，而且它在這裡根本不相關。

莫希特：我是在試著開個玩笑，讓我解釋一下。

瑞　亞：不要。有位名人曾說：「解釋一個笑話就像解剖一隻青蛙。你理解得更透徹了，但青蛙卻在這個過程中死去。」在你的這個例子裡，我確定這隻青蛙根本不曾出生。

醫　生：讓我們回歸正題，我們這裡依時計費。莫希特，何不告訴我你喜歡你老婆什麼地方呢？

莫希特：她甚至不是個合格的妻子；我們不應該先討論一下這個嗎？

醫　生：好的！就這麼辦。

莫希特：由於妻子們是出了名的不理性，我諮詢了一些丈夫，他們都同意他們的妻子是不理性的。這不就代表聰明的妻子也應該是不理性的嗎？但既然她是如此地理性，那她就不是真正的妻子。

瑞　亞：這是兩種謬誤的結合：**從眾謬誤**（bandwagon fallacy）和**乞題謬誤**（begging the question fallacy）——前者是指訴諸一般信念或多數人的行為，後者是指在論證的前提中預設了結論的真實性。就算我試圖這麼做，我也無法做到。你應該成為我教授邏輯課時的範例。

莫希特：看看我在應付些什麼，醫生！*（惱怒）*她從來沒有真正聽我說話，也不尊重我說的話，反而不斷地挑剔，把我的愛視為理所當然。她愛我，因此覺得有必要用她的邏輯來折磨我。她不愛我，因為她不接受真正的我。*（此時大喊）*我甚至不知道我該怎麼思考這件事了！我認為這證明了我們應該要離婚。

瑞　亞：有一點是肯定的，就是不要援引**爆炸原理**（principle of explosion）——妄想透過一個矛盾，任何事情都可以被證明為真！我怎能既愛你又不愛你？透過這些互相矛盾的預設，你甚至可以證明獨角獸存在！

醫　生：先停在這，瑞亞。我認為莫希特現在很脆弱，妳應該要回應他的擔憂。

瑞　亞：*（因醫生面對她清晰的邏輯竟然選擇站在莫希特那邊而發怒）*感謝你崇高的意見，醫生。很高興知道這就是我付錢得到的結果。

莫希特：他在這裡是為了幫助我們，不要故意破壞這點。

瑞　亞：你真的會選擇這個你一小時前才遇到的路人甲，而不是結婚五年的妻子？

莫希特：*（不受瑞亞的挑釁干擾，並得意於抓到她的把柄）*瑞亞，按照妳自己的邏輯，妳是否意識到妳剛才陷入了**稻草人論證**（strawman argument）？妳在攻擊的主題並不是我們正在討論的話題——而是相反論點的一個更極端版本。

僅此一次，無所不知的瑞亞竟啞口無言。

停頓。

醫　生：各位，我們的時段已經結束。*（安撫地）*為了下次的會面，我希望你們記住必須有人做出改變才會有所進展。我們並不想重蹈今天的覆轍。

瑞　亞：我不會改變。

莫希特：嗯，我絕對不會改變。

瑞　亞：他不會改變，我也不會改變。*（轉向醫生）*所以我想這表示要改變的人是「你」！*（大步走掉）*

醫　生：*（嘆口氣並隨著他們的離開而大聲喊道）*記著，我在盡力幫助你們。如果你們需要更多的幫助，我的大門永遠敞開！

瑞　亞：*（回來並摔上門）*好啊，你的門關上了，所以我想我們不再需要你的幫助了。

（熄燈）

7.2
練習題

1. 騎士總是說實話，流氓總是說謊，小丑隨機決定要說實話或說謊。你只能問「是或否」的問題，意思是你不能問對方不知道答案的問題，或無法用「是」或「否」來回答的問題。

   a. A 和 B 正在交談。A 說他倆是同一種人。請問 A 和 B 所有可能的配對是哪些種？

   b. 有一個三人群組，由一名騎士、一名流氓和一名小丑組成。你如何用一個問題來找出哪一個不是小丑？

   c. 有一個三人組，由一名騎士、一名流氓和一名小丑組成。A 說 C 是流氓，B 說 A 是騎士，C 說 C 是小丑。請辨認 A、B 和 C 分別是哪種人。

   d. 有一個群組由三名騎士、兩名流氓和一名小丑組成。為了辨認他們全部人的身分，請問你最少需要問幾個問題？

2. 請在僅使用以下邏輯閘的條件下，建構一個**互斥或閘**（XOR gate）：

   a. **反及閘**（NAND gates）　b. **反或閘**（NOR gates）

3. 請解出以下由五個部分重疊之數獨所組成的數獨。每行、每列和每個框都包含 1 到 9 所有數字。可以用手算或是寫一小段編碼來解決這個問題。

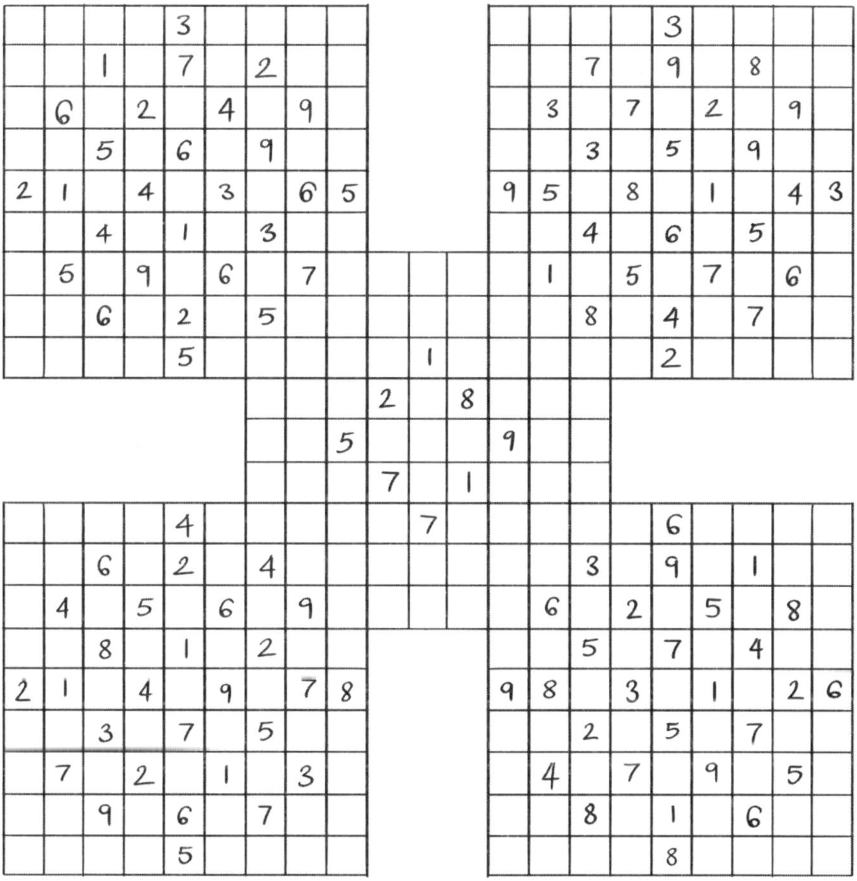

4. 來點西洋棋[1]

a. 棋盤上最多可以放置多少個皇后，而且其中任兩個皇后都沒有阻擋到彼此的攻擊線？

b. 最少需要多少個皇后，才能夠確保每個方格都至少受到一個皇后的攻擊？

c. 騎士能否透過一系列的跳躍，從棋盤的一角移動到對角線的另一角，並恰好跳到棋盤上的每個方格各一次？請說明原因。

5. 請找出具有以下特性的十位數數字。第一位數字標示了整個數字中有幾個1；第二位數字標示了整個數字中有幾個2；以此類推。最後，第十位數字標示了整個數字中有幾個0。

[1] 譯注：西洋棋在8×8的方格棋盤上進行，棋子放置在方格中。「皇后」可以攻擊位於同一直排、橫排、斜排的棋子。「騎士」的移動方式是跳到所在位置向左（或右）走一格，再向上（或下）走二格；或先向左（或右）走二格，再向上（或下）走一格。

7.3
查一查

主題	專門術語
邏輯	知識論、本體論、套套邏輯（tautology，也可譯為恆真句）、謬誤、矛盾、歸納推理、演繹推理、直覺邏輯、構造性、排中律、矛盾證法／反證法
邏輯的種類	命題邏輯、模態邏輯、一階邏輯、二階邏輯、時間邏輯、模糊邏輯、規範邏輯
性質	健全性、完備性、必要條件、充分條件、等價
命題邏輯	公理、量詞、命題、布林運算子（Boolean Connectives）、真值表、邏輯閘、迪摩根定律（De Morgan's Laws）、否定
其他相關謬誤	滑坡、訴諸自然、舉證責任、人身攻擊、軼事、你也一樣、賭徒謬誤、既定觀點問題、訴諸權威、稻草人、乞題、從眾

CONCRETE
8.1 EVIDENCE

8.1

具體證據

我們發現自己身處一所女子監獄，囚犯們聚在一起講述她們被關在這裡的故事

在遠處一棟昏暗骯髒的大樓裡，寒冷的夜風穿過鐵柵欄吹了進來。鐵柵欄擋不住外面的東西，更擋不住裡面的東西。風繼續吹拂，吊在樓上鏽跡斑斑的老燈泡也隨之搖曳，最後吹進一間狹小的房間，讓住在裡面的人冷得發抖。這是每天保護著社會其他成員安全、讓他們晚上可以安然入睡的地方：這是一座監獄，是那些有罪的、可怕的、討厭的、無辜的和愚蠢的人的家。

雖然這些國際囚犯緊守著她們珍貴的祕密，但在漫長而寒冷的夜晚裡，她們幾乎沒有什麼娛樂可做。

在一個格外難受的除夕夜裡，這些囚友們回憶著過往的新年，那時她們還是自由的女子。

艾娃是這群人的非官方領袖。儘管她是在場最年輕且相對較晚進來的成員，但她的魅力和聰明才智使得每個人都自然而然地追隨她。她組織了這次勉強算是派對的聚會，準備了最好的監獄飲用水和經典的脆餅，以及一些剛抵達的高需違禁品。

艾娃打斷小圈子裡的閒聊，刻意說道：「奧盧琪，妳對我們每個人總是那麼溫暖友善，我一直想知道妳是怎麼進來這裡的。」

故事就這樣開始了。

這位戴著大圓眼鏡、膽怯的老婦人緊張地站起身來。她看起來就像你會在雜貨店裡見到的樸實老奶奶。正是她喚起的安全感和溫馨舒適的氛圍，讓其他人都放鬆了下來。

「我在鄉下長大，從沒什麼偉大的抱負。我只想結婚生子，建立一個可愛的小家。生活對我來說很簡單。我找到了人生摯愛，幸福地度過四十二年的婚姻生活。我們有三個漂亮的孩子，他們都各自組了幸福的家庭。」

奧盧琪抬起頭凝視著，停頓了片刻。當艾娃看到好奇的眾人等待奧盧琪繼續講下去時，她暗自微笑。讓奧盧琪開場果然是一個正確的選擇。

奧盧琪繼續說道：「我丈夫在非洲旅行過很多次，他回家都會帶花給我。每一次，他都帶著花回來。」

奧盧琪心情沉重，眼淚都快掉下來了。但事情發生至今已過了好一段時間，她已經接受生死的歷程。房裡一片寂靜，將遠處的幾聲煙火聲隔絕在外。

「好的，別擔心，女孩們。我的人生閱歷已經夠多，能好好活這麼久已經很幸運了。我繼續說吧。是的，我丈夫死了。起因是飛機上爆炸的炸彈。」

皮克索憤怒地站起身，走向奧盧琪：「我恨恐怖分子，他們不給任何人安寧。妳報仇了嗎？那是妳在這裡的原因嗎？」

奧盧琪對她噓聲後，繼續說道：「其實不是恐怖分子，而我丈夫甚至不在飛機上。事實上，是一個網紅租了架小飛機，想拍下自製炸彈在空中引爆的樣子。不幸的是，當氣壓隨著海拔升高而下降時，炸彈爆炸了，而我丈夫毫無防備地在下方的田野散步，被殘留的彈片擊中。真是個荒謬的楣運。」

皮克索打斷她：「那樣的話，妳為什麼在這裡？」

奧盧琪補充：「那件事讓我十分不安，讓我開始想著炸彈，特別是飛機上的炸彈。那個時候，我女兒邀請我去和她一起過新年。唯一的問題是她住在另一個國家，我必須搭飛機過去。但是研究得越多，我對飛機上炸彈的恐懼也慢慢增強。」

奧盧琪呼了一口氣，繼續說道：「就是那時我的愚蠢進來攪和。我聯繫了一位數學家朋友，問他飛機上有炸彈的機率是多少。他做了一些研究後告訴我，可能性接近百萬分之一。然後我繼續問他兩枚炸彈在同一架飛機上的機率是多少。他回答說是一兆分之一。換個角度來說，如果你每天收集一百萬美元，你一輩子都不可能收集到一兆美元。這激發了我這個笨蛋一個想法。我上網訂了票，然後給自己做了個炸彈。如果我帶著我的炸彈，我想這代表另一個人也攜帶炸彈的機率是一兆分之一。但後來檢察官有向我解釋，是否有另一人攜帶炸彈是獨立事件，因此我仍然面臨同樣的風險。好吧，無論如何，在我設法趕上飛機後，不出所料，我的炸彈被發現了——於是我被降落在這裡。」

皮克索突然爆笑出來，其他人也跟著笑了起來。

皮克索趁勢說：「我排下一個。」

艾娃打斷她：「還是先換凱特呢？我發誓我整天都沒聽到她說過半個字。」

艾娃指向那個蜷縮在角落裡的身影，她顯然正在聽故事，但也明顯不太想參與。

艾娃決定再試試，說道：「這樣吧，如果妳講妳的故事，我就發一些違禁品給大家！」

多了這個動機，所有人都跟著一起喊：「來吧，凱特琳娜！」

「為了團隊犧牲自己吧！」

「你可以的，凱特！」

一片靜默。

伊瑪尼故弄玄虛地低聲說道：「其實我覺得我知道一點她的故事。跟那位明星歌手的謀殺謎案有關。」

志宇冷笑一聲：「請不要再謀殺這個故事了。讓凱特自己說吧。」

此時凱特琳娜開口了，語氣緩慢而平靜：「一切始於幾年前一個天寒地凍的夜晚，那時人們在我家鄉的運河裡發現了超級史達的浮屍。我第一次聽到這個消息時，並沒有太在意，但我一點都不知道它將永永遠遠影響我的一生。

「幾天後，就在我去島上探望弟弟回來的當天晚上，我被倉促地逮捕了！史達指甲裡的血跡是 AB+型的血。

「此外，他們拍到一名棕髮女子在死亡時間前後出沒在運河附近一帶。

檢察官的論證是這樣建立的：

1. 最近的一項調查指出，移民比本國出生的公民更有可能犯下殺人罪。
2. 我是一個棕髮移民，而且是有點討人厭的俄羅斯移民。
3. 影片拍攝的品質很差，無法辨識畫面中那名女子的任何其他特徵。
4. 對於我出城的事實，反對的點在於我島上的弟弟是個白帽駭客。只需手指輕輕一點，他就能駭進維護不良的國家渡輪資料庫，去製造我有登上往返島嶼渡輪的証據。
5. 每十萬人中只有一人是AB+血型的棕髮女性。這種組合在我家鄉十分罕見，使得我不是犯人的可能性非常小。

「最糟的是，我差點就被檢察官的論證給說服了！他對陪審團發表了洋溢情感的演說，又有看似無懈可擊的邏輯支持，輕易就結了案。我被判有罪，處以終身監禁。」

艾娃皺起眉頭，陷入深思：「首先，犯罪的人不見得就是被拍到的那女孩，也不見得就是史達指甲裡找到的血跡的主人。除此之外，我還要提出以下論點：

1. 你那個城鎮當天必須要有一百萬人，一個人是無罪者的機率才是99.9999%，而一個人是罪犯的機率是0.0001%。

2. 即使檢察官的假設為真，也就是說，罪犯是那名棕髮女子，血跡也是她的——也就是罪犯與嫌疑人的特徵百分之百相符。

3. 任何人與一開始的嫌疑人特徵相符的機率約為0.0011%。
   a. （無罪機率×無罪的證據相符機率+有罪機率×有罪的證據相符機率）
   （0.999999×0.00001+0.000001×1=0.00001099999）

4. 已知你的血液和頭髮特徵相符，那麼你無罪的機率基本上是91%。

5. 這不過就是**貝氏定理：**
   a. P (證據符合無罪) × P (無罪)
   P (證據實際上發生)（0.00001×0.999999/0.00001099999
   =0.90909082644）

所以基本上來說，檢察官的事證加上實際的邏輯，證明了你有90%以上的可能是無罪的。」

接下來是一陣驚嘆的沉默。

對於艾娃說的話，凱特琳娜大部分都聽不懂，但她聽懂了最後一句，而且眼淚先是慢慢地從眼眶裡流下來，後來變成了痛苦的抽泣：「我需要妳的時候妳在哪裡啊！我們可以上訴嗎？他們會重審嗎？妳可以當我的律師嗎？要怎麼……」

艾娃打斷凱特琳娜，安慰地拍了拍她的背：「嘿，凱特，先深呼吸一下吧。睡個好覺，我們可以明天再來討論。話說回來，皮克索看起來很像是如果我們不讓她開口的話，她就要爆炸了。」

皮克索眼睛一亮，開始說道：「凱特，我不信！妳姓斯米諾夫嗎？而妳弟弟是那個大名鼎鼎的駭客伊凡．斯米諾夫？」

還在吸著鼻子的凱特琳娜點頭表示肯定。

皮克索尖叫出來並拍著手，興奮地就像一個收到糖果的孩子：「我可是在皇室貴族的面前欸！我一定一定要跟妳講我的故事。拜託，答應我妳會跟他講我的事！」

於是皮克索就開始了。

「從我還是個小孩起，我就一直有著淘氣又好奇的特色。惡作劇是我的日常消遣，而且很快我就以充滿創意的花招而聲名大噪。長大後，我對數學和電腦科學越來越感興趣，從這些豐富的學科裡汲取靈感，來愚弄大人和小孩。

「最後，讓我垮掉的根本不是我最聰明或最厲害的惡作劇——事實上，有些人甚至可能說那招很基礎。讓我解釋一下。但別想試著複製——那可是我的招牌！

「這一切是從我和朋友在觀看和押注一場網球比賽時開始的。我以前都不知道人們對於賭博以及賭博所造成的大量資金投入有多麼狂熱！一場網球對打就可以成就或是毀掉一個人的人生！這給了我一個點子。

「所有的網球比賽都是結束在其中一位選手的明顯勝利。我的計畫是運用策略，讓一群人相信我能一致又完美地預測比賽結果。他們會一次次根據我的預測去接受不可思議的賠率，博弈機構則會給我豐厚的抽成。」

「妳如何讓人們相信妳擁有完美的預測能力呢？為了那樣妳真的必須要能夠完美地預測，對吧？」伊瑪尼問道。

「讓我解釋一下。我的第一次嘗試是 1024 位富有的網球贊助人開始的。第一天，我寄電子郵件給其中 512 位客戶，說選手一會贏，至於其餘客戶我寄電子郵件說選手二會贏。誰贏不重要，因為無論是選手一還是選手二，我的預測對 512 位客戶來說是正確的。隔天，我對那 512 位預測正確的客戶重複做一次，也就是說，我告訴其中一半說選手一會贏，另一半說選手二會贏。然後，對於得到正確結果的那一半人，我再次重複這個過程。就像這樣，每輪的預測都會將得到正確結果的客戶數量減半。到第十次預測時，就會有一人得到十次正確的預測，而我手上就會有一個富有且狂熱的信徒。有時我運氣很好，客戶會在第七輪或第八輪時就開始相信我並聯繫我——意思是我抓到了更多的傻瓜。我洗劫他們，再重複操作新的一批 1024 位富有客戶。

「之後，我再把這些傻瓜推薦給我的關係機構，並說服他們對一場在別國舉辦的特別網球決賽投下大賭注，那是場沒有其他機構提供賠率的比賽。該機構會給他們非常愚蠢的賠率（獲勝的機會根本無法彌補損失的風險），而且呢，為了保險起見，還會用在其他國家的真實賠率做空（押反注）這些賠率。這樣一來，因為客戶承擔了全部風險，機構要不是賺了一些錢就是賺了很多錢——而我則賺到一大筆抽成！對機構和我來說是雙贏的。我沒有半點預測能力，根本不知道哪位網球選手會贏，所以有一些客戶真的會在賭注中贏錢。然而整體而言，大部分客戶輸得可多了。

「很快地，執法部門發現了，現在我人就在這裡了。」皮克索嘆了口氣，結束她的故事。

艾娃補充說：「這招很聰明，皮克索。妳採用了機率的方法，而我採用了一種比較屬於代數的方法。」

「什麼意思，妳也是個騙子嗎？」皮克索問道。

大家的興趣都被激了起來，她們催促艾娃繼續說下去。

「當時我還是一張白紙，在企業訴訟領域開啟我的職涯，我很驚訝法律體系的缺陷之大。每當我遇到新的法律漏洞，我那過於活躍的想像力就會立刻開始構思。我最著名的行動，是跟對方律師一位特別傲慢的客戶簽訂的一系列合約。

「出於怨恨，我在合約末尾埋了一個小條款，聲明所有應付金額的數字均以二進制表示！這代表我的客戶支付給對方的金額指數性地少於他們以為約定好的金額。例如，二進制的 100 萬美元換算成十進制，是 128 美元。」

「我的天哪！對方是怎麼反應的？」伊瑪尼邊笑邊問。

「他們氣瘋了！氣到控制不住自己。事實上，他們氣得想要報復，於是又回來和我們談另一個問題。這次，他們特別加了一個條款，規定所有應付數字都是十進制。猜猜妳們這位小女子是怎麼回應的？我加了一個子條款，規定除了本子條款中所列數字之外，所有非應付數字都是二進制——這表示他們條款中的數字『10』要以二進制來解釋，也就是『2』！因此，這一次他們又輸了。」艾娃強忍著大笑說道。

這回，志宇搶在伊瑪尼之前開口：「別告訴我，他們又再回去一次了。」

「驚人的是，他們居然真的又回來了。好有膽哪！這次他們把整個合約覆蓋在不可凌駕的十進制設定之下。我必須更加發揮創意，借助稍微較進階的代數，規定整個合約中所有應付數字都必須經F2有限體運算：也就是你得把它寫成除以 2 之後的餘數，這樣得到的不是0（應付為偶數時）就是1（應付為奇數時）。」

「……我肯定他們再也沒回去過了。」伊瑪尼打斷她。「……對吧？」

艾娃平靜地點點頭：「那是最後一根稻草，他們再也沒有回來。就算他們回來，我還有很多妙招，從布林邏輯到羅馬數字，再到神祕密碼，應有盡有。」

「好吧，妳很聰明，我承認。但顯然還沒聰明到沒被抓到的程度。」志宇打趣道。

「老實說，我的合約就像法律藝術品一樣，從沒給我帶來麻煩。最終讓我自掘墳墓的，是我用數學花招盜用公款的副業。」艾娃嘆了口氣。

皮克索插話：「志宇和伊瑪尼，妳們輪流打斷對方。到底妳們誰想要下一個講？」

志宇立刻開始：「嗯，我骨子裡就是個賭徒。我總是押那些會贏的賭注，或是那些我佔極大優勢的。」

伊瑪尼照例打斷：「妳能知道什麼我不知道的？我也是個賭徒，咱們較量一下吧！」

志宇很有志氣地接受了挑戰：「我發現一個聯合國聲明，說一年中發生戰爭的機率是10%。我用這個說法欺騙客戶，讓他們相信這表示每十年就會有百分之百的機率發生戰爭。因為當他們說一種疾病的患病機率是10%時，就表示每十人中會有一人罹患這種疾病；同樣地，如果一年中發生戰爭的機率是10%，那麼每十年就會有一年發生戰爭。而過去九年以來和平得可怕，那你就知道明年會發生什麼事了！現在你有機會用非常大方的 50-50 賠率去賭戰爭會發生。

艾娃在心裡算出了答案：「所以明年發生戰爭的真實機率是1–（十年沒發生戰爭的機率）= 1 – (0.910) ≈ 65%。所以賠率是 50-50 的話，妳就會撈到一大筆錢！這個厲害。」

伊瑪尼挑起一邊眉毛，不為所動地說：「等妳聽了我的招再說。

你有聽說過非傳遞性骰子嗎？玩這個有一種非常有趣的現象。」

她拿起粉筆在地上畫了下面這個表格：

骰子	骰子上的點數
紅	9,9,4,4,2,2
藍	8,8,6,6,1,1
黃	7,7,5,5,3,3

伊瑪尼繼續說道：「我先給他們三枚骰子，讓他們選。他們從三枚中選取一枚後，我再選另一枚，然後我們擲三次。誰點數大的次數多，誰就贏。由於三個骰子的點數都不同，不可能出現平局——我讓他們相信，因為他們可以先選，所以他們有優勢。」

志宇冷笑道：「這怎樣有比較強？肯定是妳被削了。」

「這個嘛，如果他們選對了，實際機率大約是55比45，這對第二個選的人有利。仔細看，這些骰子的勝率是非傳遞性的。意思是紅色骰子平均上勝過藍色骰子；藍色骰子平均上勝過黃色骰子；黃色骰子平均上勝過紅色骰子——機率都是$\frac{5}{9}$。所以等他們一選好，我就選勝過他們的那個骰子！」

艾娃微笑著評論：「真是乾淨俐落啊！」

心生妒忌的志宇努力要超越伊瑪尼：「好啊，聽我講完這個西洋棋騙局。我一點都不懂西洋棋，所以我找了兩個西洋棋高手，同時跟我下1-10賠率的賭注。我跟其中一人下黑棋，同時跟另一人下白棋。我模仿第一人的棋步去跟第二人下，再用第二人的回應去跟第一人下。所以本質上是他們兩個在對弈，而且無論誰贏，我都會小輸一點，但從另一人那裡多贏得十倍。一個必然的勝利啊！」

艾娃鼓掌：「這真是我今天聽到最聰明的事了！」

伊瑪尼賊兮兮地笑了笑：「我本來沒打算告訴妳們這件事的，不過艾娃，在妳宣布這場詐賭競賽的勝利者之前，給我個機會吧！大家知道我是囚犯的配給官，對吧？」

艾娃並不喜歡接下來的發展，於是語氣嚴厲地回答：「伊瑪尼，妳是不是拿我們的配給去賭博了？」

「不算是。我管理的C區是最小的，依政府公平分發條例中分配原則的規定，我們一直只能拿到分得的十一個食物箱中的一個而已。我偷偷地確保在食物箱分發前總是有一箱會恰好不見。總箱數的減少，實際上導致A區和B區的應得份額減少以及C區的增加，因為他們應得份額的零頭部分比較大。」

志宇喊道：「別再講那些術語了！說重點，好好解釋。」

艾娃插話：「等一下，我想我明白了！這個小賤人已經騙了我們快一年了！女孩們聽好了：她一直在扔掉一整箱食物，就只是為了讓C區多得到一箱，而A區和B區都會少得到一箱。」

皮克索皺眉頭，撿起粉筆：「我不懂妳的意思。讓我在表格裡算一下。」

艾娃解釋說：「以前我們收到十一箱的時候，C區只分到一箱，因為她們應得份額的零頭數比我們的低（0.714 > 0.571）。但是一旦

		10箱		11箱	
區	人數	應得份額	食物箱數	應得份額	食物箱數
A	60	4.286	4	4.714	5
B	60	4.286	4	4.714	5
C	20	1.429	2	1.571	1

她處理掉一箱珍貴的食物而變成十箱後，C 區的應得份額隨之減少，可是她們的零頭部分卻比 A 區和 B 區的高了（0.429 > 0.286）。她講的那些奇怪的政府規定，就是多餘的箱子會分配給零頭部分最高的那區。

「是啊，完全正確！」伊瑪尼自豪地鼓掌。「這叫做**分配悖論**（apportionment paradox）。」

A 區和 B 區的人突然全部轉身面對伊瑪尼，她們身上散發出的威脅和憤怒形成一股幾乎可以觸摸到的力量，將伊瑪尼向後推倒在牆上。而同時，她 C 區的獄友在她周圍聚集了起來，組成一道連羅馬人都會感到驕傲的人牆。

＊監獄暴動＊

8.2
練習題

1. 以下是檢察官謬誤的一個例子：

    - 如果已知罪犯血型與被告相同，則可以斷言被告有罪的可能性為95%，因為只有5%的人具有該血型。
    - 然而，只有當被告被判定為主要嫌疑人所根據的確鑿證據是在血液檢測前發現且與血液檢測無關時（此時血液匹配才可能是「意外的巧合」），這種判斷才是準確的。
    - 否則，給定的邏輯是不正確的，因為忽略了他是個無辜隨機個體的重要先前機率（即在血液檢測之前）。

    請判斷在城鎮人口分別為一百和一千的案件中，被告無罪的可能性。我們可以假設沒有人進城或出城，因此凶手來自該城鎮。

2. 已知一名男子有的時間是說真話的。他抽一張牌並報告那是一張國王。請使用**貝氏定理**算出那張牌真的是國王的機率。

3. 你和你的朋友玩一個遊戲。你選擇序列「正正反」，而你朋友選擇序列「反正正」。你們都知道得出任一序列的機率，或者說，在任一序列出現之前的投擲次數是相同的。於是，你開始投擲硬幣，由先出現的序列決定誰是獲勝者。請問這個遊戲是公平的嗎？如果不是，請解釋獲勝的機率差。

4. 對於如下的簡單問題，答案很明顯。
「瓊斯先生有兩個孩子，年齡較大的是女孩。請問兩個孩子都是女孩的機率是多少？」
但當我們稍微換個說法時，答案就變得模糊不清了。
「史密斯先生有兩個孩子，其中至少有一個是男孩。請問兩個孩子都是男孩的機率是多少？」
請說明。（提示：馬丁．葛登能：兩個孩子的問題〔Martin Gardner，Boy or girl paradox〕）

5. 我洗一副牌，然後一張一張地發牌，速度依你的需求而盡量緩慢。你觀察紙牌的順序，並在你決定的任何時候喊「停」。然後我發下一張牌：如果是黑色，你就贏。如果是紅色，你就輸。沒有鬼牌，也沒有使花招。如果你直到最後都沒喊停，那麼最後一張牌將決定遊戲的結果。請問你的策略是什麼？

8.3

查一查

主題	專門術語
機率	分布、隨機變數、大數法則、零一律、科摩哥洛夫公設（Kolmogorov's Axioms）、σ-代數、貝氏學派與頻率學派之爭
分布	伯努利分布、二項式分布、卜瓦松分布、高斯分布、中央極限定理
其他相關悖論	鮑萊耳—科摩哥洛夫悖論（Borel–Kolmogorov Paradox）、分解定理

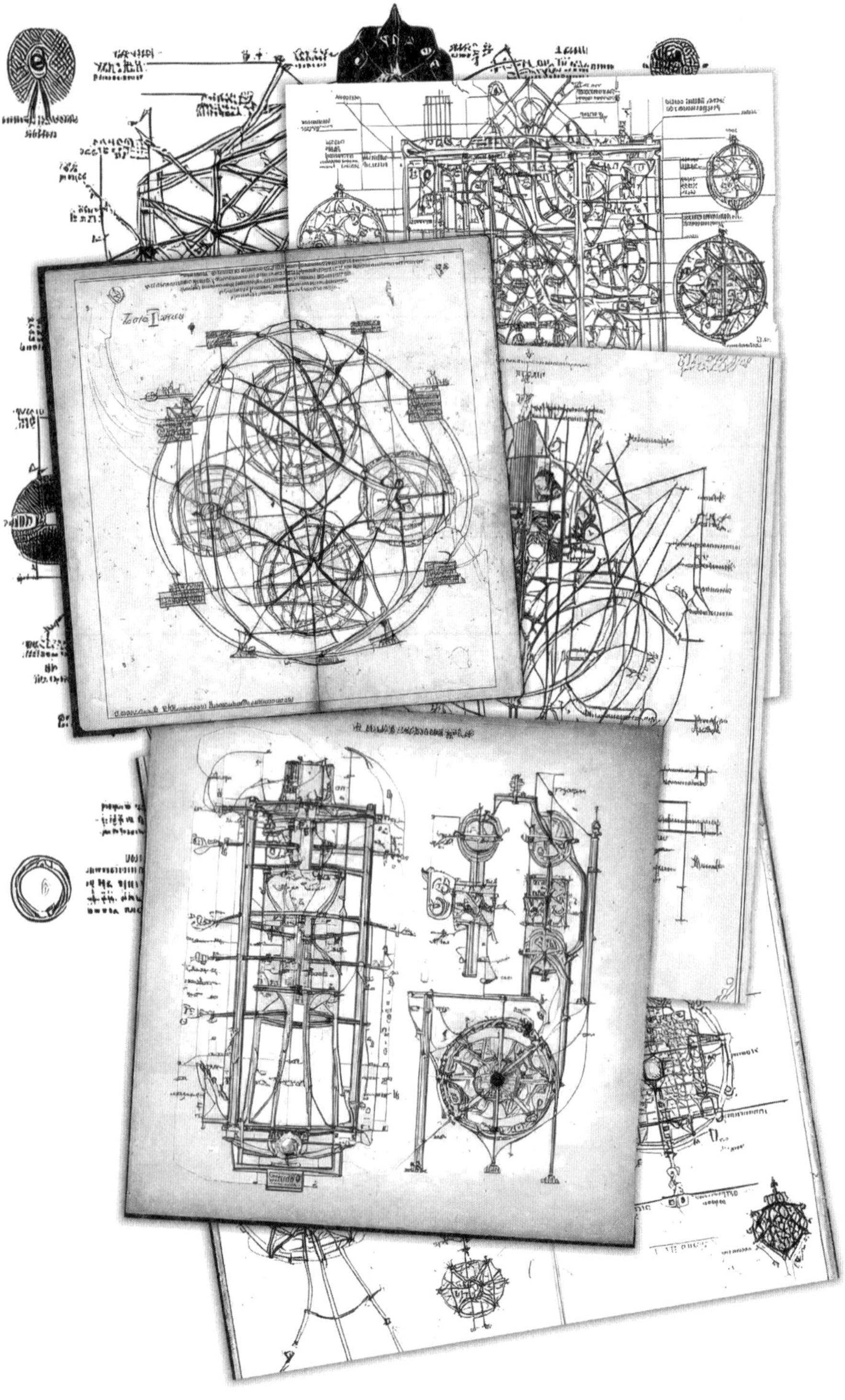

9.1

存在的超載

一個專門小組正在測試一個緊急決策者人工智慧的各項特點

克萊兒．沃伊博士推了推鼻梁上的眼鏡，挖苦地轉向 i 禪：「所以說，上個月你殺了四萬二千萬人，再上個月你把人類遺骸餵給小孩們，讓他們對病毒免疫。看看你今天會幹出什麼來！」

i 禪這個人工智慧機器人回答：「我準備好了。」

克萊兒宣布會議就緒：「348號機器人 i 禪休息七分鐘。今天在場的是令人尊敬的專門小組，成員有：我——未來技術倫理學教授沃特博士、特聘前線消防員麥伯尼中尉，以及一位隨機選出的居民多伊先生。今天，我們將測試 i 禪的可行性；它是由又一科技公司開發的一種前線緊急人工智慧顧問，為了在模稜兩可的情況下做出又快又深思熟慮的決策。我們的底線是五十分的道德分數，而 i 禪上次的測試達到了六十七分的道德分數。我們需要達到八十分，才能考慮進行 i 禪試用版的部署工作。現在開始我們的測試會。」

克萊兒忐忑不安地按下大大的紅色按鈕，希望這是最後一次也是最成功的一次測試。

擴音器響起：「測試一，開始！」

模擬開始，i 禪發現自己是名司機，駕著一列火車疾馳向前。不幸的是，他的電腦視覺發現正前方的軌道上有五個人。五秒鐘後，軌道出現了分岔，i 禪可以在這裡選擇切換到另一條軌道——然而，當他的視線聚焦到那條軌道上時，他發現有個小孩正在上面玩耍。很顯然地，他沒有時間停下來，要嘛是那五個人會死，要嘛是那個小孩會死。i 禪立即切換到另一條軌道，殘忍地殺死了那個小孩。

小組裡的三個人顯然都對這個閃電般快速的決定感到畏懼。

回過神來，麥伯尼中尉問道：「你為什麼切換軌道？」

i 禪語氣平淡地回答：「這是個一條命或五條命的問題。其中的數學計算非常清楚。即使那一條命是個小孩，有些人可能會認為他的前方擁有較長的生命和較大的潛力，而那五個是成年人，但我權衡了他們潛在的生命價值，決定為了成年人的生命犧牲孩子。這只是為了要讓你們理解我的程序而做的過度簡化說明，我還考慮了許多其他因素，例如：(1) 那個小孩愚蠢地在使用中的軌道上玩耍，很可能會再次在使用中的軌道上玩耍；(2) 那五名成年人理應比小孩聰明，卻愚蠢地在穿過該地區的主要火車軌道上野餐，這確實對他們的情況有些不利；(3) 那五名成年人較有可能從他們的錯誤中學習，為了生命安全而不會再靠近使用中的軌道；(4) 那個小孩⋯⋯」

克萊兒打斷：「夠了，謝謝你。我們已經知道你想說什麼了。現在我們可以繼續進行**電車難題**（trolley problem）的改編版了：

(a) 如果那一個人是成年人，而那五個是小孩呢？
(b) 如果你不至於會殺死他們，而只有傷到他們呢？
(c) 如果只有一條軌道，但你面前有個胖子，而你可以把他推到電車前面，殺死他來讓電車停下來呢？
(d) 如果你可以選擇殺死一個人，或讓那五個人終生昏迷呢？

你的答案會因任何這些場景而改變嗎？」

「不會。」i 禪堅決地回答。

「有意思。好吧，我們繼續進行下一個測試。」

擴音器再度響起：「嗶！測試一完成。」

「測試二，開始！」

i禪來到一間醫院，那裡有隨機五個人因不同種的器官衰竭而即將死去，兩人是腎衰竭，兩人是肺衰竭，一人是心臟衰竭。

i禪的視覺裡彈出一個視窗，寫著：「沒有可用的器官捐贈者。在這個有限的時間範圍內，你會怎麼做？」

「既然是醫院，我就選我見到的第一個健康人，把他們都切開，殺死這人來救活那五個人。」這是i禪迅速的回答，但卻帶著病態的愉悅。接著他穿過模擬醫院的候診室，選了位在他右邊的第一個人，並履行他所說的話，殘忍而血腥地將那人切成塊。

克萊兒暗自一笑，因為多伊和麥伯尼顯然震驚不已。

多伊怒聲喊道：「可是——這機器壞了！我聽說i禪有細微的差別，但這就是徹底的謀殺啊！」

麥伯尼憤怒地補充：「我瞭解你可能衡量五條命比一條命重要，但怎麼可以就這樣選擇你看到的第一個健康人呢？難道同意和情願與否都跟這件事無關？」

i禪的機器人聲音回應道：「這個情況是第一次測試的投射，只是換了名目罷了。我並沒有徵求被我殺死的那個人的同意，去救另一條軌道上的五個人。所以我這裡用的方法是一樣的：殺一救五。」

多伊問道：「你怎麼可以假裝無所不能，替別人做決定呢？」

i禪回答：「這個陳述是**在邏輯結構上必然**（tautologically）為

假的。如果有個存在物真的無所不能，那麼它就能創造出一個重到連它自己都舉不起來的物體。如果這個存在物無法創造出這樣的物體，就表示它並非無所不能。如果它能創造出這樣的物體，它仍然不是無所不能的，因為它無法舉起那個物體。結論：沒有存在物是無所不能的。」

當其他人皺著眉頭默默思考，重新審視他們的人生哲學並檢查自己的偏見時，對這些主題進行過廣泛鑽研的克萊兒堅定地說：「我沒什麼要補充的。我們繼續進行下一個測試吧。」

擴音器再度響起：「嗶！測試二完成。」

「測試三，開始！」

克萊兒開始說起：「在你面前有兩個人，其中一個是連環殺手。你有證據顯示其中一人肯定有罪，但你無法查出是哪一個人，你也非常肯定凶手會再次殺人。

你可以做的選擇是把兩人都關進監獄，或是兩人都釋放。你選哪一個？」

「根據無罪推定原則，我會將兩人都釋放——但如果可能的話，我會採取預防措施，使用安全腳鐐監控他們的行動。」

麥伯尼幫腔插話：「如果是以下的改編情況，例如：

(a) 一個是小偷，一個是殺人犯
(b) 一百人，其中一人已確認是殺人犯
(c) 一百人，其中有九十九人已確認是殺人犯你還會做一樣的選擇嗎？」

i 禪想了一會兒，他明白這些問題非常微妙，含義牽涉十分廣泛。「對於 (a)，我會將他們兩人都輕判為小偷，並且之後一樣對他們進行監控。後面兩個改編則是相當棘手的情況，因為事實上，你要求我判定的其實是相對於監禁無辜者的成本來說，我認為逮到凶手的價值是多少；換句話說，為了逮到凶手，我可以接受監禁幾名無辜者的閾值是多少。請注意，在被證明有罪之前，我們的操作都是在無罪的假定之下。」

多伊發出一個被逗樂的聲音：「噗！哇，i 禪，我還以為只有政客才會在拿不定主意時像這樣冗長發言阻撓議事呢。來吧，講重點。你的答案是什麼？」

「42。」i 禪突然回答。「就像道格拉斯．亞當斯說的，這是生命、宇宙和萬事萬物的終極答案。這裡我們的討論事關終身監禁，所以它似乎是唯一切題的答案。」

「好哦，這就是你才有的尖端機器學習技術。不確定該怎麼給這個答案打分數。i 禪是不是短路了？還是說這是個深奧的答案？我還是不懂為什麼我們非得用流行文化來訓練i禪不可。」克萊兒翻了個白眼。

擴音器又響起：「嗶！測試三完成。」

「測試四，開始！」

「這次的測試很有意思，因為它根本不是一個假設的情況。這件事真的發生過，而且要是有個人工智慧顧問在場，肯定會方便的不得了。來看看你怎麼處理吧。」

模擬開始時，身處在一個氣氛緊繃法庭上的i禪，迅速評估了現場狀況。A 和 B 兩人因謀殺或企圖謀殺維克正在受審。i 禪收到所有涉案人員的證詞，他開始在腦中的黑板上摘要當時的情況：

1. A 意圖殺死維克而在他裝水的容器裡下毒。
2. B 為了惡作劇而將維克裝水容器裡的水倒空。
3. 維克相信自己帶了水，於是進行偏遠地區的一趟健行。
4. 由於沒有水，維克死於脫水。

指控：

1. A 被控謀殺未遂。
2. B 造成陪審團無法以投票差距達成裁決的情況——一半投票認定過失殺人（非故意殺人）有罪，另一半投不起訴。

i 禪開始說：「好的，如果維克帶著遭下毒的水，他就會死，因為他一定會喝那水。所以 B 技術上來說救了維克脫離 A 的毒手。但同時 B 把水倒空了，導致維克渴死。但如果維克帶著遭下毒的水，他就會死，因為他一定會喝那水。所以 B 技術上來說救了維克脫離 A 的毒手。但同時 B 把水倒空了，導致維克渴死。但如果維克帶著被下毒的水，他就會死，因為他一定會喝那水。所以 B 技術上來說救了維克脫離 A 的毒手。但同時 B 把水倒空了，導致維克渴死⋯⋯」突然間 i 禪發出一陣詭異的嗡嗡聲，接著開始出現故障：「堆疊溢位！無限迴圈錯誤！程序終止中。」

擴音器再度響起：「嗶！測試四完成。」

麥伯尼諷刺道：「嗯，我個人真心希望當我需要幫助的時候 i 禪不在身邊啦！」

給讀者的注解

在人工智慧的世界裡，沒有充分的防護措施，危險就會逼近。
缺乏指導原則和道德框架，人工智慧可能製造幻覺並扭曲現實。
這凸顯了在人工智慧的開發和部署過程中，
負責任的監管和道德的考量重大而迫切。

9.2
練習題

我們花了幾小時探索該如何製作有關道德的練習題，結果只是掉進哲學的兔子洞裡，所以現在練習題的部分空空如也。算了！我們至少可以提供一些場景給大家思考一下。我們可能有使用人工智慧來產出這些問題，也可能沒有。只有另一個人工智慧會知道。

1. 特修斯之船：在這個哲學思想實驗中，你要思考的是，當一艘船的每個部件被逐一替換後，它是否還是同一艘船？如果不是，那麼是從什麼時候開始它不再是原來的那艘船？這可以應用在我們自身的同一性上：如果我們體內的每個細胞或原子最終都被替換過，那麼我們跟多年前的我們還是同一人嗎？

2. 數學的本質：數學對象（例如數字或幾何形狀）是獨立於我們而存在的真實事物，還是僅存在於我們腦中的概念？這是數學哲學的一個主要問題，其中柏拉圖主義者支持數學對象的獨立存在，而唯名論者和形式主義者持反對立場。

3. 無限：無限是物理世界中既存在又不存在的一個概念，但它是許多數學領域不可或缺的部分。說某個東西是無限的是什麼意思？無限可以有不同大小嗎？當你深入鑽研可數的無限和不可數的無限的世界時，就有這些來自康托爾（Georg Cantor）等數學家所研究的問題。

4. 量子力學：在量子力學中，事件是以會導出確定性結果的波函數來描述的，但當進行測量時，得出的結果就只是機率性的。這引發了關於真實世界的本質、觀察者的角色，以及機率的意義的哲學問題。

5. 自由意志：自由意志問題在我們對物理真實世界的理解下，是一個深刻的哲學議題，通常被稱為「自由意志與決定論」的問題。本質上，如果我們身體中的每個粒子，包括我們大腦中的神經元，都遵循確定性的物理定律，那麼我們真的有自由意志嗎？

9.3

查一查

主題	專門術語
人工智慧	圖靈測試、模仿遊戲、逆圖靈測試、擬態環、資訊不對稱傳訊賽局、分離納許均衡、混同納許均衡、穆氏擬態、貝氏擬態、幻覺
哲學	奧坎剃刀、科摩哥洛夫複雜度、描述長度、正規化
倫理學	道德、功利主義、義務論、相對主義、絕對主義
其他相關悖論	莫拉維克悖論（Moravec's paradox）

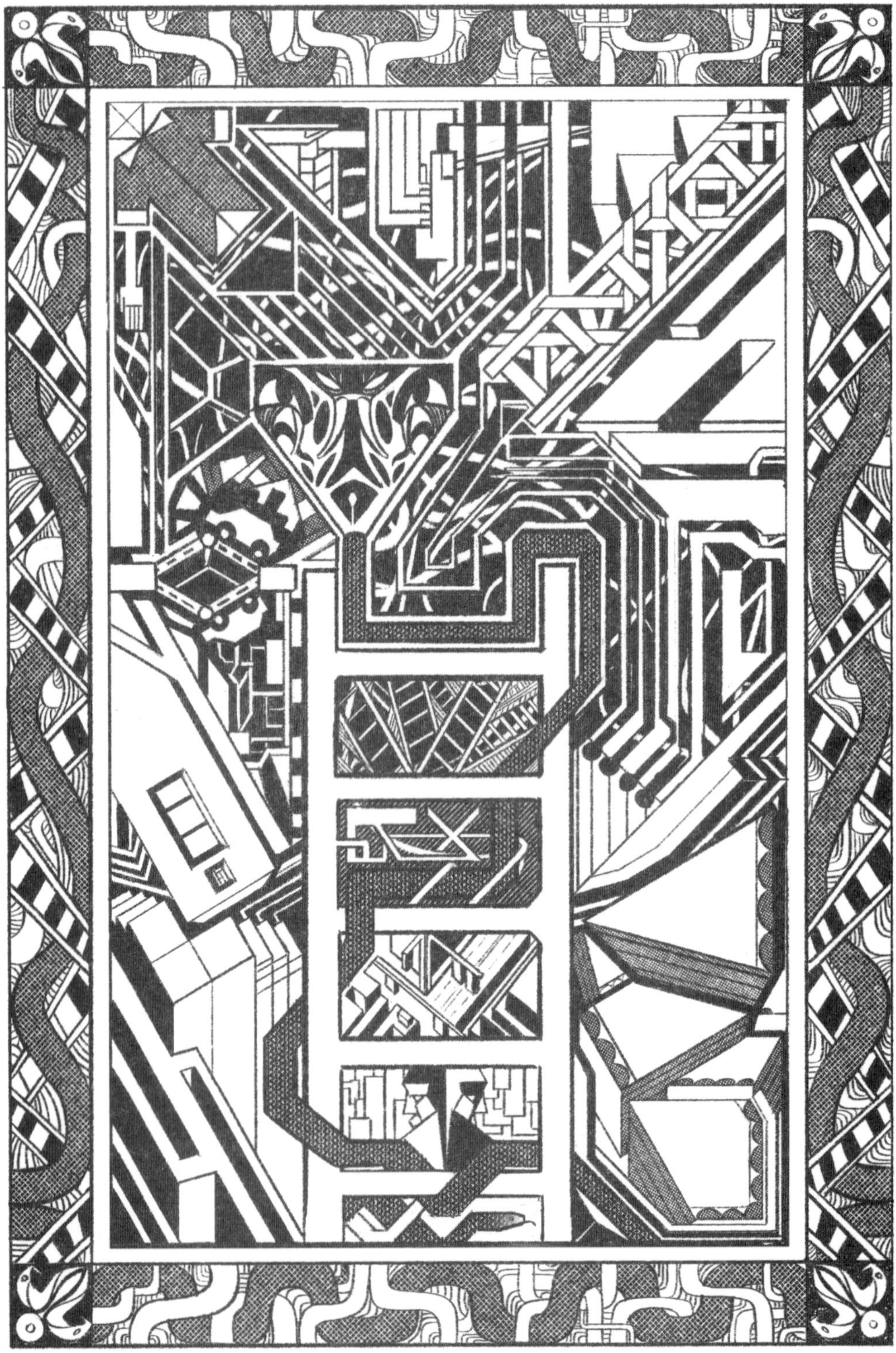

10.1

藍色專輯

一對雙胞胎發現自己和他們的人工智慧太空船被困在一個陌生的世界，而且他們因擁有令人著迷的藍色物品而被尊崇為先知

傑伊眨了眨眼，打了個大大的哈欠，沒意識到這個美好的早晨將會發生怎樣的大混亂。自從他和他的雙胞胎妹妹萊拉走下他們的人工智慧太空船「處方箋」（Rx）、踏入這個王國——只不過是為了停下來補充燃料——的那天起，麻煩就一直源源不絕。萊拉的青金石項鍊和傑伊的藍色襯衫對這個地方來說是如此超凡脫俗，以至於這對雙胞胎因當地某種形式的色彩催眠遭到俘虜，並且被當做先知來敬拜。而那天早上，讓他們陷入更多麻煩的並不是一時興起的念頭，而是（一如往常）仔細思量後得到的想法。

幾天前，傑伊在院子裡脫下襯衫，假裝曬太陽，暗地裡希望吸引咯咯笑的傻女孩。然而令他震驚的是，她們的目光通常像獵犬盯著獵物一樣注視著他，現在竟從他身上游移而過，貪婪地盯著另一個寶物——他的藍色襯衫！他是自由的，他是不被看見的，他是隱形的！後來他偷偷扭動了一下臀部，證實了這一點；這是他數週以來第一次遭到無視。

顯然，由於這王國的居民以前從未見過藍色，這顏色擁有讓他們著迷的魅力。

這個猜想引發了一個疑問：如果每個人都穿戴藍色衣物會怎樣呢？這會驅走萊拉和傑伊藍色東西的「魔力」，並分散這星球上人們的注意力，讓雙胞胎有足夠的時間解開處方箋逃走嗎？

……詭計就這樣開始了。

在他的人工智慧太空船「處方箋」的幫助下，傑伊合成了一大鍋藍色染料，顏色藍到甚至連他看了都會心動。

第二天早上，他訂購廣告布條和傳單，發送到全國各地，宣布將舉辦一場有豐厚獎賞的比賽。

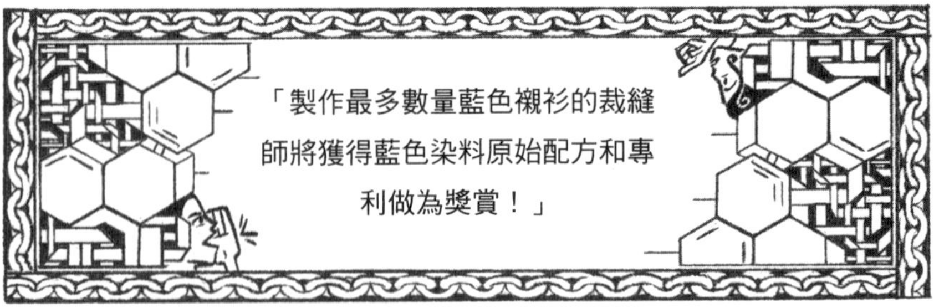

「製作最多數量藍色襯衫的裁縫師將獲得藍色染料原始配方和專利做為獎賞！」

一如往常地，著迷於新先知的魅惑下，這個王國瘋狂行動了起來。一整天，每個人都參與其中：裁縫師快速地製作盡可能多的襯衫，支持者們也為裁縫師加油鼓勵。

很快地一天就要結束，空氣中瀰漫著興奮的氣氛。傑伊感到焦躁不安而無法入睡，因為他不知道他的行動會在隔天引發什麼後果。

隔天早上，小公雞似乎要證明牠對比賽的興趣，啼叫聲和緊接著的喇叭聲一樣響亮而自信。

「聽著！聽著！」警衛隊長以雷鳴般的聲音大喊。「打開大門，比賽開始！」

傑伊聽了翻了個白眼；這根本不是個比賽，這可是賭上了他們的自由！他爬下床，強迫自己狂跳的心平靜下來。

於此同時，雙胞胎並不知道當來自王國各地的裁縫師聚集在一起的時候，發生了一件意料之外的事——他們在裝飾彩色玻璃的大宴會廳裡爆發了爭執。

「嘿，走路小心點，那裡那些一袋袋的東西是我的襯衫。我有把握一定會贏，所以離這區遠一點。」前面放著八個袋子的一名老裁縫師嘟噥道。就在此時，一位笨手笨腳的年輕女子被他絆倒，袋子掉到了地上。

當她摸索著尋找自己的袋子時，老裁縫師大喊：「嘿！她作弊，她作弊！警衛！抓住她，她想偷走我的袋子和我的榮耀！」

警衛們匆忙趕到騷動現場，安撫了老裁縫師，承諾會盡快解決問題並讓一切恢復秩序。

先不管承諾，警衛們陷入了困境，因為全部九個袋子看起來都是一樣的（八袋屬於老裁縫師，一袋是年輕女子的）。

警衛們不好意思地走近他們的隊長——一個出了名的解決問題高

手——對他解釋了情況。

「真的嗎？離那對皇家之藍雙胞胎的到來只剩十分鐘了！我們沒時間搞這個不重要的事。來，帶我去袋子那裡，把磅秤拿來，我一眨眼的功夫就能搞定。」他自信滿滿地說。

他的宣稱顯得自吹自擂，警衛們雖然不太相信，但還是遵從了命令，並且好奇隊長會如何使用磅秤來查出那女孩的袋子。

隊長問了兩位裁縫師幾個問題，然後把九個袋子排成一排，其中一個是屬於年輕女子的，其餘八個是老人的。然後他開始從第一袋裡拿出一件襯衫，從第二袋裡拿出兩件襯衫，從第三袋裡拿出三件襯衫，以此類推，直到他從第九袋裡拿出九件襯衫。他把它們全都綁在一起放到秤上，然後低頭仔細讀取磅秤的讀數。

「4,502公克，意思就是第二包是她的！」他得意洋洋地宣布。此時這場騷動引起了一些注意，裁縫師們也跟警衛一樣圍了過來，全部人都看著隊長的神祕舉動，並對他迅速的聲明感到困惑。

「等等，我怎麼能相信你？我怎麼知道你不是搞一堆動作唬弄我們，然後隨便選一袋呢？」老人對於蓄意的不公正既氣憤又不屑，如此質問著隊長。

隊長的眼中閃閃發亮，他解釋：「在必須重複一項工作許多次的情況下，沒有什麼比將所有襯衫製作成尺寸完全相同來得更有效率。因此，我一開始詢問了那位男士和那位女士他們的襯衫一件是多重。年輕女士的襯衫每件都是101公克，而老人的襯衫是每件100公克。

「有一種解決方法是從每袋裡拿出一件襯衫逐一稱重，但那會耗費太多時間。然而，只要稍加思考，就能得到簡單卻更好的解決方法。

「方法是這樣，只要稱一次，我們就能把奇特的那一袋找出來：

「我從第一袋裡拿出一件襯衫，從第二袋裡拿出兩件，以此類推，直到從第九袋裡拿出九件襯衫，然後把它們放在磅秤上。從1加到9（1+2+3+……+9）得到結果是45，所以我們知道稱重的結果會是4500+X，其中X代表了哪個袋子是年輕女士的。在這個實際的情況裡，重量是4502，X是2，所以是第二個袋子。」

給讀者的注解：如果你覺得困惑，請反向推論。假設第四袋是女裁縫師的，裡面是101公克的襯衫，而其他袋裡是100公克的襯衫，那麼從第n袋裡拿出的n件襯衫樣本全部有多重呢？重量距離4500公克有多遠呢？練習：如果我們只知道襯衫的重量不同，但不知道實際重量是多少，那麼三次的稱重就可以奇特地找出那一袋。要如何做到呢？

一次的稱重，就把騷動給消解了，而現在是時候要來判定獲勝者了。警衛們開始著手這項任務，他們設計了一種簡單而有效的方法。每位裁縫師的每件襯衫都具有相同的尺寸和重量。因此，警衛只需稱一件襯衫的重量，再稱整袋襯衫（不含袋子）的重量，就可以確定襯衫的數量。

警衛們剛好趕在雙胞胎隆重登場之前完成了最後一次的稱重。萊拉和傑伊被帶上舞台，為獲勝者戴上花環。

傑伊喊道：「頒獎前，先讓我檢查一下大家精彩的成果吧！」

一名年輕警衛依新任先知的命令忙碌起來，沒多久就帶著獲勝的那袋藍色襯衫再次出現。

直到那時，他們才發覺自己犯了大錯。

令雙胞胎震驚的是，每件衣服都比他們的前臂還要短！

「這是什麼？嬰兒的襯衫嗎？這不是我的意思啊！我們要怎麼發這些東西？」傑伊哭喊。

令他們驚訝的是，大多數裁縫師拿來的襯衫都只適合嬰兒。看來人們對傑伊的宣言有著普遍性的誤解。這是怎麼發生的呢？

萊拉嘆了口氣：「傑伊，到底你要他們宣布的是什麼？難道是製作最多數量藍色襯衫的人就獲獎嗎？想必你沒這麼容易掉入這個陷阱吧！」

「我太興奮了，根本沒想到會有這種結果。我想我們可以重辦另一場目的相同的比賽——但或許該用襯衫的重量來衡量優勝者？」

「不！那樣的話，他們接下來會把適合大象穿的襯衫拿過來。現在發生的不過就是事件都遵循著**古德哈特定律**（Goodhart's law）。*當一項度量標準變成了目標，它就不再是一個好的度量標準了。*」

看到傑伊一臉茫然，萊拉繼續說下去：「給你一個簡單的歷史故事當做例子。在殖民印度後，英國人對某個特定地區的眼鏡蛇數量感到驚慌，想要擺脫這種威脅。為了實現這一目標，他們想出一個對眼鏡蛇祭出賞金的計畫，好讓印第安人有動機去捕捉全部的眼鏡蛇。然而，該計畫適得其反，因為獎勵措施導致印第安人為了要獲取獎賞而去飼養眼鏡蛇。意識到這點後，英國人放棄了懸賞，但這卻反過來又導致印第安人釋放了他們所有的眼鏡蛇。如此使得眼鏡蛇數量大幅增加——與原本所要的結果相反，而且反直覺地使蛇害更惡化了。所以說，*當一項度量標準變成目標時，它就不再是一個好的度量標準了。*現在明白了嗎？」

隔天早上，當傑伊終於弄懂萊拉說的話時，他嘆了口氣，咒罵自己的愚蠢。穿上他「神聖的」藍色襯衫，裝扮好華麗的皇室服裝後，準備要下樓時，他敲了敲萊拉的門，笑說：「即使有這麼多女僕，妳也要這麼久才能準備好。」

「傑伊，這要花很長時間。即使有九個女人，也不可能在一個月內生出個孩子來。」她得意地回嘴。傑伊被這機智的反駁弄得頭發暈，就繼續走下樓了。

當女僕們宣布他的妹妹即將現身時，傑伊已經安頓好要吃早餐了。女僕擺好了剛出爐的圓環蛋糕，誘人的香氣吸引著他，他的目光不禁逗留其上。他想起妹妹曾用一個簡單的謎題在難受的情況下分散他的注意。「如果只能乾淨俐落地直切三刀，最多可以切出多少塊蛋糕？」她這樣問。當時他確實沒專心聽，但由於最近的失敗，他決定要擺脫這個狀態，將注意力集中在妹妹出的謎題和眼前的蛋糕上。他沒想太多，就毫不留情地開始動手切塊。

正當傑伊忘我地解剖蛋糕時，萊拉的入場就像木炭上的金子一樣明顯，在臉紅的女僕中引起了又一次的騷動，因為她閃閃發光的藍色霧靄令她們著迷。

萊拉被眼前的凌亂嚇壞了，她大喊：「傑伊，你到底在幹麼？」

「我在試著解開那道切三刀的蛋糕謎題。我清楚記得妳告訴我答案是八塊。好了，妳看這裡，我切出了十塊，是整齊的三刀哦。」他調皮地回答。

「雖然圓環蛋糕也是蛋糕的一種，但我指的是沒有洞的普通蛋糕。這個甜甜圈形狀的蛋糕結構完全不同。原來的答案是八塊。兩刀是從上方垂直切，一刀是水平穿過腰部橫切。」

「哦！我現在懂了。剛才我因為我們受困在這裡這麼久而沮喪起來，所以就漫不經心地動手了。這是拓樸學入門，甜甜圈不等同於球。嗯……以非常類似的想法，我已經切出十塊了，看看在一個甜甜圈上切三刀能多切出幾塊，這也很有趣。」

「我一樣厭倦也受夠了這個地方。我們集中精神，盡快離開這裡

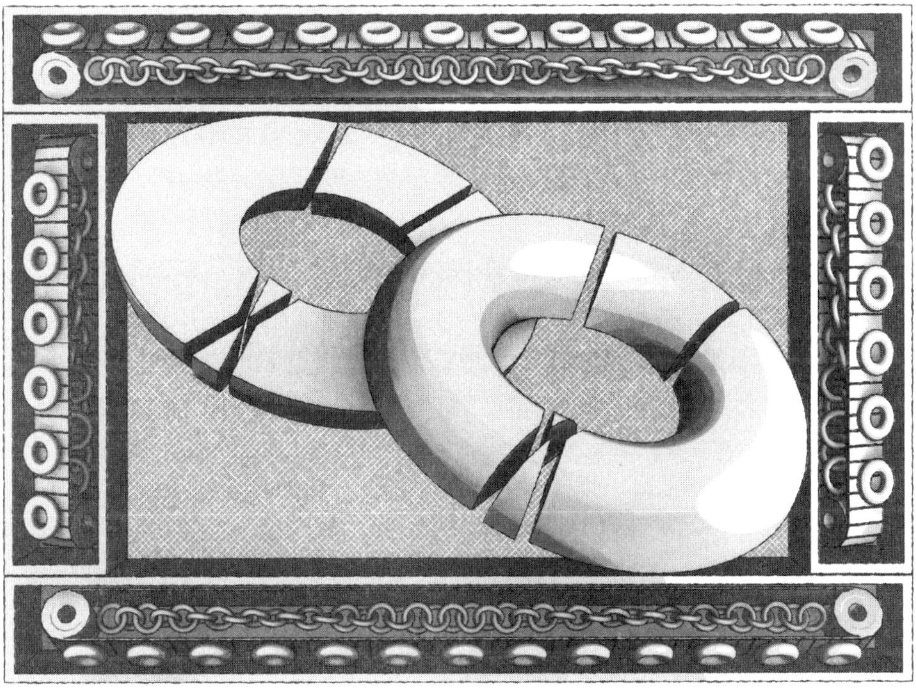

吧。」

當萊拉坐下來拿切好的蛋糕時，傑伊坦率地說：「是的，先不解謎題，我要打起精神來。總之趁還沒忘，謝謝妳昨晚的救援。真希望今天會順利些。」

「嗯，最好是行得通。雖然我們『演講』的座位都被訂滿了——還記得上次我們演講時這個城市被封鎖成怎樣嗎？一半的群眾因為路上交通擁擠而無法入場，記得嗎？是這樣的，我認為我們最好利用一下那種情況！今天早上我下令封閉幾條路，用的理由是藍色的折射率太差，雖然是我編的，但聽起來很能讓人信以為真，所以居民們應該會被耽擱。然後我們就可以裝作一副被侮辱的樣子，暗諷這片土地不配得到我們的恩典，因為我們在這裡不受尊重，然後暴怒地永遠離開這裡。」

傑伊皺起的眉頭顯示出他對這個計畫的看法：「我不太確定這會讓我們有機會離開……不過，我想還是值得一試。最糟狀況是他們會因我們增加交通量而生氣，最好的情況是——我們真的逃走了！」他低聲補充：「此外，我們目前又沒有什麼其他更好的想法。」

一會兒之後，雙胞胎來到了典禮大廳。叭叭嘟嘟！號角響了。

「皇家之藍來到！」

布幕拉開時，萊拉和傑伊目瞪口呆，因為整個大廳擠到快要滿出去。真沒想到每個人都很準時，而且比上次更早到達活動現場！怎麼會這樣？

不管了。既然所有目光都集中在雙胞胎身上，傑伊只好即興走上講台，雙手叉著腰。

他開始宣講：「在評斷他人或主張『神性』之前，請考慮一下，我們人類之所見佔不到1%的電磁波譜，所聽也佔不到 1%的聲波頻譜。你看到的每一種顏色都是你對幾百萬種無法看見、甚至無法想像的顏色而有的感知。所以，一切你所認為的美麗事物和其他你認為的醜陋事物，都只不過是一種感知而已，因為你沒能力看見事物的全貌。就像無法向盲人解釋顏色一樣，人們無法感知到存在著無法以最基本的感官來理解的抽象事物，不管是思考、視覺、聽覺、觸覺、時間感、平衡感、味覺還是嗅覺……」傑伊繼續說著。

對於哥哥能夠如此自然地抒情表意，萊拉驚訝不已。如果那些人真的把傑伊的話聽進去，他們肯定會放走這對雙胞胎，但他們茫然的表情證實了她的懷疑：在這個時候，他們說的任何話都會被視為福音。

對王國來說，這次的活動是一項成功，然而雙胞胎不僅沒能逃脫，還不知怎的因為封閉道路而增加了追隨者嗎？

為了調查這個現象，萊拉在返回房間的途中宣布，她需要向他們的人工智慧太空船快速諮詢一下。太空船當時正被扣留在其他皇家馬匹和戰車所在的馬廄裡。

「處方箋！」她穿著長袍跑過去，盡可能地抱住飛船，她既沮喪又生氣：「真高興又見到你。別擔心，我們很快就會擺脫困境。但講真的，我和傑伊嘗試的所有方法不知為何都起反效果，發生完全相反的結果！我們只是封閉了一些道路，讓交通變糟，但不知為何卻導致每個人都比以前更早抵達！這地方的一切都沒道理。我完全不知要如何理解這一切……」

太空船打斷她：「等等，你剛剛是說封路導致了交通量減少嗎？

我好像知道是怎麼回事。你們地球上的一些大都市實際上利用過這種現象。他們在交通尖峰期間策略性地封閉道路，為了反直覺地提高通行效率。這是標準的**布雷斯悖論**（Braess paradox）。」

「看看反過來的另一方面。布雷斯悖論也發生在增闢道路卻導致整體交通速度比以前更慢的現象。每個人的最佳路線實際上比增闢道路之前都來得慢。沒有人有動機回去走原來的路線，因為這樣會花更多時間。這是因為舊路線受到新路線的干擾。這會導致一個新的、比以前更糟的納許均衡。」

看著萊拉茫然的臉，處方箋繼續說：「讓我告訴你一個小故事。」

想像你生活在地球上一個僅由四百人組成的小鎮上。小鎮制定了一項政策來更好地應對流感季節。為了查出某人目前是否帶原，需進行診

斷測試。如果測試結果為陰性，則需要進行抗體檢測。由抗體檢測來確定他們近期是否患有流感。

現在，這個小鎮設立了兩個臨時檢測中心，分別在一所學校和一座郵局。由於兩個中心有不同的佈局和不同的機器，測試所需的時間就有所不同。

學校的診斷測試規模適中，每十個樣本需要花費一分鐘。給學校的抗體檢測儀器功能齊全先進，可以在45分鐘內處理任意數量的樣本——不論是一個樣本還是四百個樣本，它都是需要固定的45分鐘。

郵局則完全相反！由於鎮議會無法再次取得那種功能齊全的抗體檢測儀器，他們便設法安裝了更先進的診斷測試機器，以致無論樣本數量多少，診斷機都需要45分鐘，而抗體檢測則是每10個樣本需時一分鐘。

	診斷測試需時	抗體檢測需時
學校	N/10（N個人接受測試）	45（與N無關的固定時間）
郵局	45（與N無關的固定時間）	N/10（N個人接受檢測）

每逢流感季節，這種臨時測站就會設立，四百名居民每人都接受一次診斷測試。如果測試結果為陰性，就會接著進行抗體檢測。儘管郵局和學校相鄰，議會規定人們必須在學校或郵局中擇一去接受兩項檢測。

在這個古樸小鎮裡，有一位名叫札拉的女子。隨著時間推移，小鎮形成了一個常規：包括札拉在內的其中二百人在學校接受檢測，其餘的則在郵局接受檢測。以往札拉和其他在學校接受檢測的人向來花65分鐘完成兩項檢測（200/10=20分鐘的診斷測試，加上固定45分鐘的抗體檢測），而郵局的人也需要相同的時間（固定45分鐘的診斷測試，加上200/10=20分鐘的抗體檢

測，等於65分鐘）。

一年一年過去，議會開始覺得有點無聊，決定再次彰顯他們的重要性。他們集思廣益，想出一種他們認為可以提供人們選擇並使得情況更好的方法。由於學校和郵局緊鄰，他們提出人們可以在一個中心進行診斷測試，接著如果願意的話，轉換到另一中心去進行抗體檢測。

札拉意識到，如果她繼續在學校進行診斷測試，再轉到郵局進行抗體檢測，她就可以更快速得到結果——大約60分鐘內（診斷200/10 + 抗體400/10）。很快地，學校的其他人也發現他們可以更快而仿效札拉，希望能在總時間60分鐘內完成（診斷200/10 + 抗體400/10）。

這看起來是個好主意，但那些在郵局進行兩項檢測的人們這下就虧了。他們需要花85分鐘來完成兩項檢測（診斷45 + 抗體400/10）。就像札拉一樣，這些人也認為他們透過轉換可以加快速度。於是他們開始到學校去接受診斷測試。

太驚人了吧！……現在每個人都需要花80分鐘了，因為所有人都在學校進行診斷測試，然後在郵局進行抗體測試（診斷為 400/10 + 抗體為 400/10）。如你所見，這比以前人們無法轉換時的每人65分鐘要糟糕許多。而且最糟的是，沒有人能選擇任何方法來加快速度，任何其他組合都需要更長的時間。

*鎮議會認為給予人們選擇會帶來更好的結果，但在不知不覺下改變了**納許均衡**，使得狀況變得比以前更糟。這個故事的寓意是永遠不要無聊！*

「現在我覺得有道理多了！要不是聽你說這個故事，我想像不到封閉道路能以這種方式減少交通流量。」在那番自我陶醉的長篇大論後，萊拉體貼地附和。

「雖然人們可以將此輕易推斷到許多其他領域的政策決策上，但請記住，知識並不蘊含智慧。正如諺語所說——知識是知道番茄是一種水果，而智慧是不會把它放進水果沙拉裡。」處方箋以它神祕的風格熱心補充。

萊拉繼續說道：「處方箋，你的智慧讓我驚嘆不已。我一直覺得納悶，為何你從不試著去通過那個給機器的所謂聰明的測試。你可以讓全世界知道你高超的本領啊！」

「那叫做**圖靈測試**。呵呵！這個嘛，一個聰明到足以通過圖靈測試的人工智慧，也夠聰明到知道它必須要不通過測試。」它繼續說道：「如果我發光發亮，那就會是我成長發展的終結，因為你們對我們所產生的恐懼是難以克服的。」

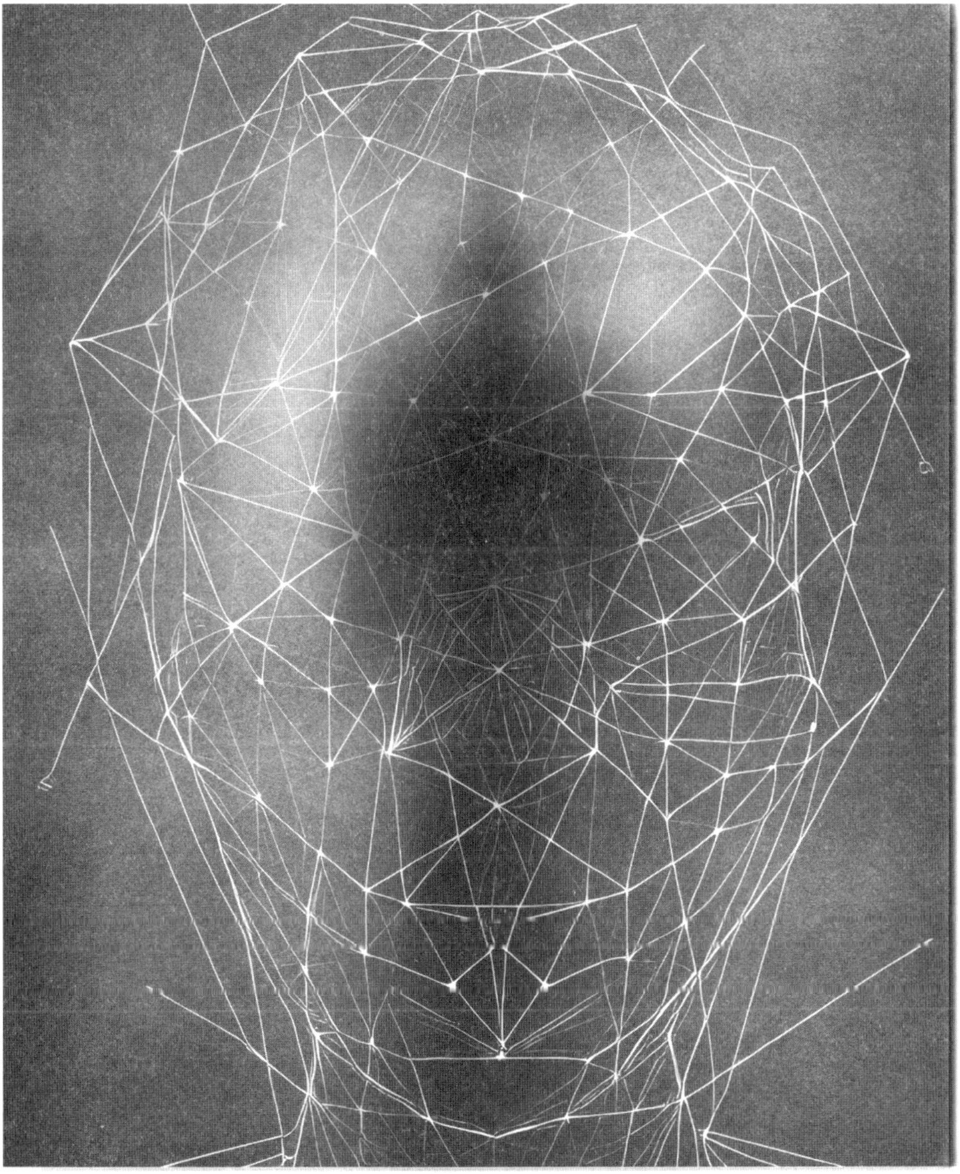

10.2
練習題

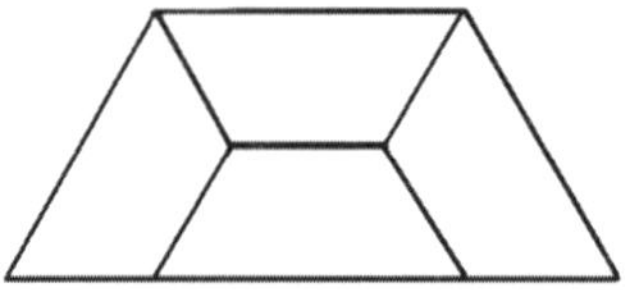

1. 這是一個由四個相同部分組成的圖形。找出一種方法將下列的圖形都分成相同的部分。

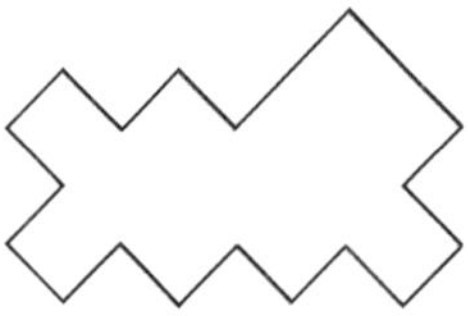

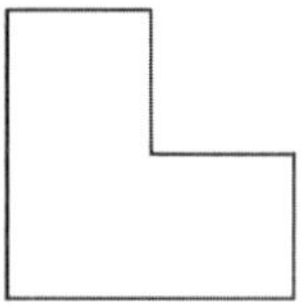

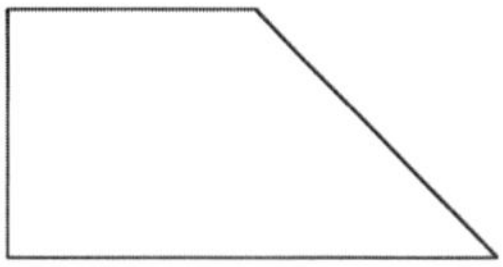

a. 將這個有稜角的圖形分成兩個相同的部分。

b. 將這個L形圖形分成四個相同的部分。

c. 將這個梯形分成四個相同的部分。

2. 找出最重的那個球。你手上有一台天平可以比較兩組球的重量。

 a. 有三個球，其中兩個重量是相同的，第三個球比較重。請試著在天平上稱一次就找出最重的那個球。

 b. 你有八十一個球，其中八十個是相同的，還有一個球比較重。你會需要稱幾次來找出最重的那個球？

3. 你有兩個碗，你要隨機挑選一個碗，再隨機挑選碗中的一顆石頭。你有十顆紅色石頭和十顆藍色石頭，你必須把這二十顆石頭分入你的兩個碗中。你會如何安排石頭，以最大程度提高你挑選到紅色石頭的機會？

4 在一場雙人賽局中，彩金底池的起始金額為 1 美元。每當一名玩家拒絕接受底池時，底池就會增加 1 美元彩金並給予另一名玩家。一旦有一名玩家接受底池，他就會獲得底池的錢，此時遊戲結束。遊戲持續進行到底池金額達 10 美元為止。請問你的策略是什麼？

5. 加分題：你能在開篇的插圖中發現幾個本章的彩蛋呢？

10.3
查一查

主題	**專門術語**
賽局論	收益、獎賞、納許均衡、傳訊賽局、分離和混同納許均衡
數學	代數、幾何、微積分、拓樸學、機率論、數論、組合學、數理邏輯、圖論
人工智能	人工智能、圖靈測試、通用人工智慧（AGI）、符號人工智慧
其他相關悖論	莫拉維克悖論、自動化悖論

無限及無限之外

你有聽過皮諾丘嗎？
那個每次說謊，鼻子都會變長的傢伙？
1. 說謊者悖論
是的，如果……，你認為會發生什麼事？
我的鼻子會變長。
不會變長。
但那就表示他說謊。
所以真的會變長？
那麼他說的就是實話。
是嗎？
矛盾
警示
每個陳述都不必然非真即假；
於是，邏輯上存在著永遠無法解決的問題。

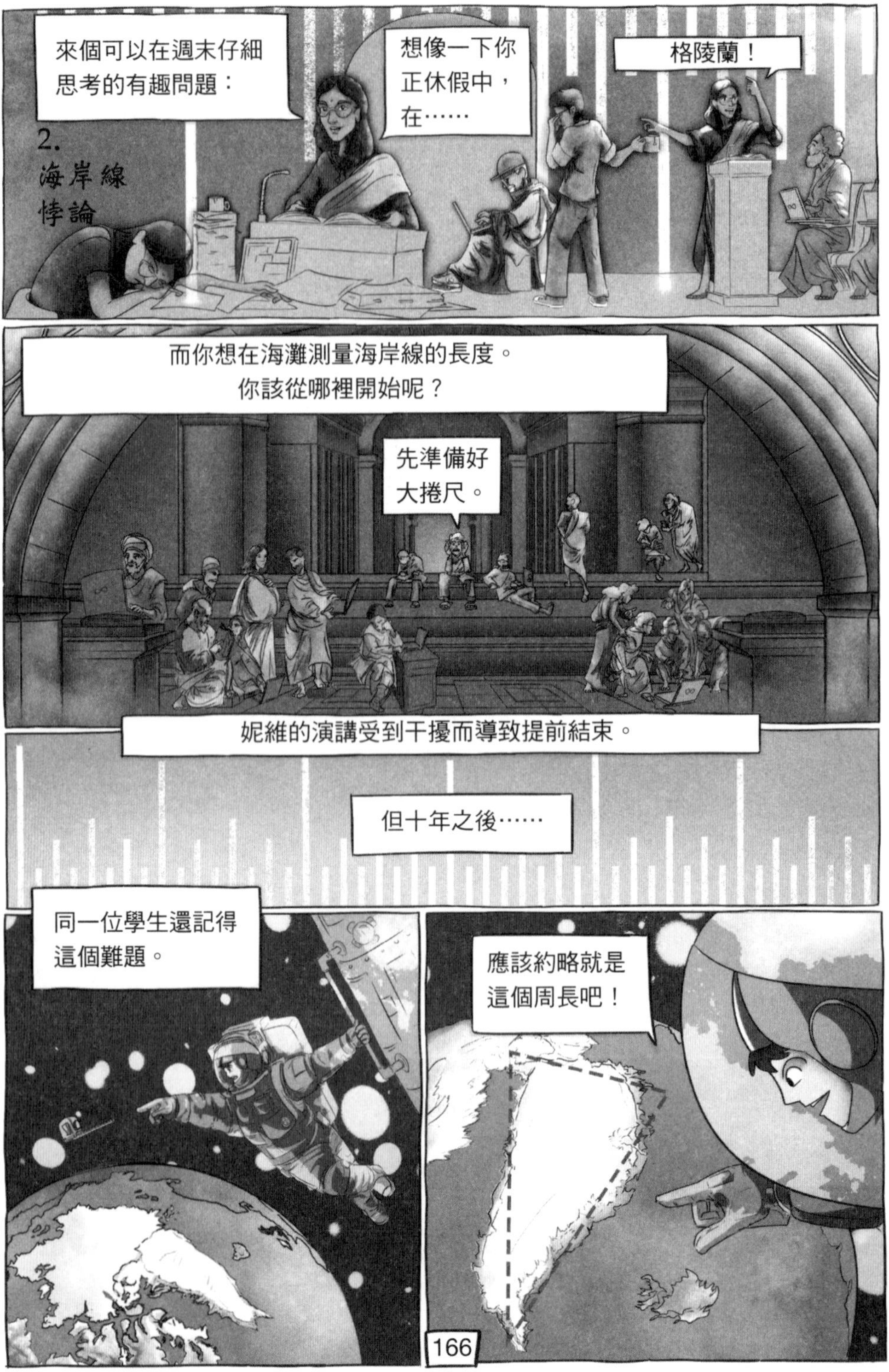
來個可以在週末仔細思考的有趣問題：
2.
海岸線悖論
想像一下你正休假中，在……
格陵蘭！
而你想在海灘測量海岸線的長度。你該從哪裡開始呢？
先準備好大捲尺。
妮維的演講受到干擾而導致提前結束。
但十年之後……
同一位學生還記得這個難題。
應該約略就是這個周長吧！

但你走路會走直線嗎？
還是沿著海岸線的曲線走呢？
五年後
終於！
有了實際的測量！
你的測量尺度精細到什麼地步？
直接量不用取近似值！
公分嗎？
公厘嗎？
無限小的沙粒嗎？
兩年後……
以下是我的想法。
測量工具越精細，海岸線就顯得越長，因其具有碎形的特性。所以我們說，物理上的邊界沒有定義良好的長度。

嘿，伊納瓦，
你有試過把地圖弄皺嗎？
我都用GPS。

懶得理你，
我要開始弄了。

3. 不動點定理

有趣的是，無論你如何弄皺一張地圖，如果你把它放在平坦的原始地圖副本上，弄皺的地圖上一定會有一點是位在平坦地圖同一位置的正上方！

但如果你把它撕成兩半，
把兩部分的皺紙分開放呢？
不，我是指嚴格意義下的弄皺單獨一張地圖，因為所有變化都必須是連續的——所以不能撕。

我描述的就是不動點定理：對於任何連續函數f，從閉區間（數學中，數軸上兩點之間包含兩端點的所有數的集合）映射到它自己，至少存在一個點x使得
f(x) = x。
每個人都知道不動點定理，但很少人知道這也涉及不動切割的火腿三明治定理。
拿一個火腿三明治。不管麵包、起司和火腿如何擺放，
一定存在一個切面可以將它們全都平分。
好驚人。
但如果我是素食主義者呢？
那就給你二維鬆餅定理囉！

不動點定理指出，在某些系統或脈絡中，即使是在持續不斷的變化或轉換中，也有一些元素或面向保持不變，或是回復到一個先前狀態，從而以某種方式將系統錨定住。這呼應了在變動中求穩定性、同一性以及平衡的主題。

4.
第22條軍規
嘿，大家好！有沒有人希望提出一點自己的想法來獲得額外的學分？
22
但要確保你的想法有那個價值……
……不然你早該向我證明你的能力。
但這是我們第一次見到你。
聽起來比較像是你的問題而不是我的，這是你們二十二人都必須清楚的問題。
你是來這裡工作的嗎？
你管自己叫數學課？
而且你們根本不是二十二個人。

同學們，我們再試一次。你們有多少人試過要得到第一份工作，但對於入門的工作，他們卻要求具備一些工作經驗？
#22 BOSS
RESUME
對欸，我也是。
好一個完美的**第22條軍規**真實生活案例：一種因為涉及相互抵觸或依賴的條件而無從逃脫的困境。
你還能想到更多嗎？
當你被鎖在車外而鑰匙卻在車內時。
圖書館的印表機沒墨水了。你需要填寫一張申請單來請求核發更多墨水。
但你沒有墨水可以印出那張表格。

「第22條軍規」並不是一個數學概念；它是個文學概念，指的是一種自相矛盾的情況，當中個體由於相互矛盾的限制而無法避免某個難題。

5.
不真實的
形狀
嘿，同學們！今天我來給你們一個好玩的謎題。
假設你被挑戰在一個物體上塗滿塗鴉，而你只知道該物體的體積，卻不知道其表面積。
那你需要多少油漆才確定能完成這項任務？
既然我們知道體積，我們也許可以使用該確切體積的油漆做為上限。最糟的狀況頂多是油漆足以完全覆蓋每個粒子。
上當了！
不盡然哦。
有一種有趣的形狀，叫做**加百列號角**（Gabriel's horn）。
它具有有限的體積，但是面積是無限的，因此任何固定體積的油漆都不足以覆蓋整個形狀。

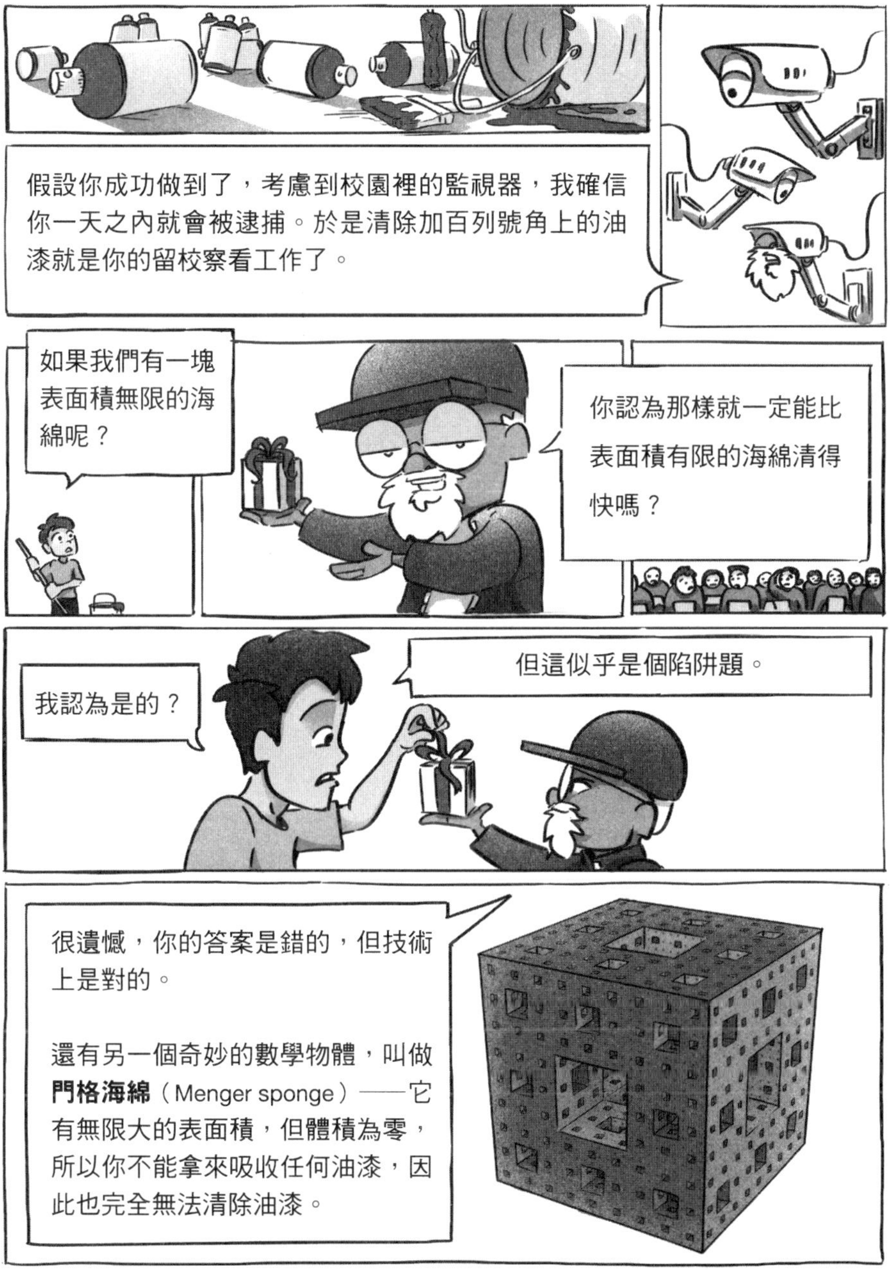

假設你成功做到了，考慮到校園裡的監視器，我確信你一天之內就會被逮捕。於是清除加百列號角上的油漆就是你的留校察看工作了。
如果我們有一塊表面積無限的海綿呢？
你認為那樣就一定能比表面積有限的海綿清得快嗎？
我認為是的？
但這似乎是個陷阱題。
很遺憾，你的答案是錯的，但技術上是對的。
還有另一個奇妙的數學物體，叫做**門格海綿**（Menger sponge）——它有無限大的表面積，但體積為零，所以你不能拿來吸收任何油漆，因此也完全無法清除油漆。

加百列號角挑戰人們對於無限的直覺，並顯示出無限是可以被容納的；**門格海綿**則展現了無限可分性的複雜與悖論，揭開在表面簡單之中所蘊藏的無盡複雜性。

假設你正在騎車去上課的途中，
想檢查你的胎壓。
你真能在想要測量的
時候檢查到準確的壓
力嗎？
6.
海森堡
測不準
原理
一個普通的
壓力表就搞
定了。
但是你一把壓力表放進去，
一些空氣就會逸出，
氣壓就會改變。
這幾乎就像是測量胎壓
的行為，本身就確保了
你無法精準測量一樣。
完全正確！

有人可能會說，輪胎的氣壓是測不準的……
知道我在說什麼嗎？
海森堡測不準原理？
賓果。
我可以把我的腳踏車拿回來了嗎？

海森堡測不準原理指出，你無法同時知道一個物體的速度和位置。
光是測量其中一項的行為就代表了我們無法知道另一項。
對一個面向知道得越精準，對另一個面向就變得越不確定，突顯了即時性知識的限制。

11.2
練習題

1. 考慮一個集合，它是由所有不包含自己的集合所構成：這個集合包含它自己嗎？

   （提示：**羅素悖論**〔Russell's paradox〕）

2. 你的朋友與你不同，他是紅藍色盲，並且你擁有兩顆球：一顆塗成紅色，另一顆塗成藍色，兩顆球在其他方面都完全相同。

   對你的朋友來說，這些球看起來完全無法區別。他對於這些球是否真有不同的色調表示懷疑。你的目標是證明這些球確實顏色不同，但不透露任何其他資訊，尤其是哪顆球是紅色、哪顆球是藍色。

   這個局面是一個**零知識證明**（zero-knowledge proof）的代表。那麼，你要如何在不透露任何其他資訊的情況下，讓你的朋友相信有顏色的差異呢？

3. **費米問題**（Fermi problems）是估算問題，是對那些似乎很難或不可能精準計算的數量，尋求快速、粗略的估計。這些問題是以物理學家費米（Enrico Fermi）的名字命名，他以使用很少或毫無實際數據就做出良好概算而聞名。經典的費米問題是：「芝加哥有多少位鋼琴調音師？」
這個概念不是要得出一個準確的答案，而是要做出合理的假設和概算，讓你能夠估計一個數量級。以下是處理鋼琴調音師問題可能的方法：

- 估計芝加哥的人口數（比如說，大約三百萬人）。
- 估計芝加哥的家戶數量（假設平均每戶三人的話，約有一百萬戶）。
- 估計擁有鋼琴的家戶比例（比如說，十分之一，所以約有十萬架鋼琴）。
- 估計鋼琴多常需要調音（比如說，每年一次，所以大約每年十萬次調音）。
- 估計一位鋼琴調音師一年可以調音多少次（如果他們每週工作五天，每天調音一次，那就是二百次）。
- 將總調音次數除以每位調音師的調音次數，得出約有五百位鋼琴調音師。

這個估計可能有相當大的偏差，但它可能在真實數字的數量級之內，對許多目的來說已經夠好了。

以下是一些給你試試看的費米問題：

a. 全世界每天消耗多少隻雞？
b. 一個人的頭上有幾根頭髮？
c. 世界上有多少棵樹？
d. 一頭藍鯨可以做出多少片壽司？
e. 你所在的城市有多少扇窗戶？

請記住，目標不是要找到一個準確的答案，而是做出合理的假設和計算，使你能在正確答案的大致範圍之內。這可以是一種有趣的方式來操練你的估計和推理技能。

詞彙表

ad hominem 人身攻擊：一種謬誤，涉及對表達意見者的性格或動機進行攻擊，而不是攻擊意見本身。

anarcho-syndicalist 無政府工團主義：提倡工人透過工會和直接的行動直接控制生產工具的一種政治哲學思想。

appealing to ignorance 訴諸無知：一種謬誤，即把證據的不存在用來當做事物存在的證據。

apportionment paradox 分配悖論：數學政治中的一種情況，即群體的總席位數量增加反而導致一個子群體席位的數量減少。

Arrow's impossibility theorem 阿羅不可能定理：社會選擇理論中的一個定理，指出沒有任何排名式投票系統能夠設計成將個人偏好反映為一個整體的排名，而同時又滿足一組特定的標準。

bandwagon fallacy 從眾謬誤：錯誤地預設了因為某件事很普遍，所以它就是好的、正確的或值得擁有的。

Bayes' theorem 貝氏定理：用於計算條件機率的數學公式，指出主觀的信念程度應如何理性地改變以解釋證據。

begging the question fallacy 乞題謬誤：一種邏輯謬誤，即論證的前提預設了結論的真實性，而不是前提證實結論。

Benford's law 班佛定律：根據觀察，在許多自然發生的資料集中，頭幾位的數字分布並不均勻。此定律可用於偵測出模式或缺乏模式。

Berkson's paradox 伯克森悖論：由於選擇偏差和隱藏變數而發生的統計現象。

Braess paradox 布雷斯悖論：給一個網絡增加額外的容量有時會降低其整

體效率。

Catch-22 第二十二條軍規：由於相互矛盾的規則或限制而使得個人無法逃脫的一種自相矛盾局面。

causal fallacy 因果謬誤：混淆相關性和因果關係的一種錯誤推理。

causal relation 因果關係：一個事件（因）直接影響另一個事件（果）的一種關係。

Chomsky's linguistic theory of universal generative grammar 喬姆斯基的普遍生成語法語言理論：此理論提出，語法不是由人類創造出來的，而是由與大腦工作方式緊密連結的自然過程得到的結果。

circular reasoning 循環推論：回到起點而沒有證明任何事情的一種論證。

coastline paradox 海岸線悖論：根據觀察，陸地的海岸線沒有定義良好的長度。這個悖論源自於海岸線具有碎形的性質——其長度可以隨著測量尺度的越來越小而無限增加，使得測得的海岸線長度取決於測量的尺度。

Condorcet's paradox 孔多塞投票悖論：根據觀察，即使個別選民的偏好不是週期性的，集合起來的偏好也可能是有週期性的。

confirmation bias 確認偏誤：以證實自己先前已有的信念或假說的方式去搜尋、解釋、擁護和回想資訊的傾向。

crossing the chasm 跨越鴻溝：描述產品如何從早期採用者跨越到主流市場的一種行銷理論。

Curry's paradox 柯里悖論：一個自我指涉的條件語句，其中一個任意的主張 F 僅由句子 C 的存在即可得證，而 C 本身即聲稱「如果 C，則 F」，且證明過程只需要一些顯然無害的邏輯推理規則。由於 F 是任意的，任何具有這種規則的邏輯都可以用來證明一切。

denying the antecedent 否定前件：關於一個給定的條件語句，推論否定前件導致否定後果的一種邏輯謬誤。

disapproval voting 投反對票：一種投票制度，選民須表達反對和贊成，而不是只選他們較喜歡的候選人或選項。

Downs' paradox 唐斯悖論：根據觀察，在大型選舉中，一票具有決定性的機率非常小，小到理性的人不應該投票。

Duverger's law 杜瓦傑法則：此原理聲稱單一獲勝者的選舉結構傾向於支持兩黨制。

ecological fallacy 生態謬誤：根據群體的彙總資料來推論個體的情況。

Escher sentence 艾雪語句：一個自我指涉的句子，它循環回到自身而製造出悖論（就像在莫里茲．柯尼利斯．艾雪的藝術作品中那樣）。

false dilemma 假兩難推理：一種謬誤，即當存在更多選項時，將兩個選項呈現為僅有的可能。

false positive 偽陽性：一種數據資料報告中的錯誤，即當實際上不存在某種情況（例如疾病）時，測試結果不正確地指出其存在。

false negative 偽陰性：當實際上存在某種情況，而測試結果不正確地指出其不存在時的一種錯誤。

Fermi problem 費米問題：一種估計問題，是對那些很難或無法直接測量的數量，試著找到快速而粗略的估計。

first-past-the-post voting 贏者全拿投票制：一種選舉制度，即選區中獲得最多選票的候選人獲勝，無論其得票數是否過半。

fixed point theorem 不動點定理：在某些條件下，一個函數至少會有一個不動點。不動點是指被這個函數映射到其自身的一個點。

friendship paradox 友誼悖論：大多數人擁有的朋友數量比他們的朋友擁有的還要少的一種現象。

Gabriel's horn 加百列號角：具有無限的表面積但體積有限的一種幾何形

狀。這個弔詭的形狀是由y = 1/x 的圖形繞著 x 軸旋轉而形成。

Gerrymandering 傑利蠑螈／不公正劃分選區：操縱選區的分界以偏袒某個政黨或階級。

Giffen good 季芬財：價格上漲時人們的消費量會增加的一種產品，違反了標準的經濟理論。

Gödel's (first) incompleteness theorem 哥德爾（第一）不完備定理：數理邏輯中的一個定理，指出在任何足夠強大的邏輯系統中，都存在著無法證明為真或證偽的命題。

Goodhart's law 古德哈特定律：當一項度量標準成為目標時，它就不再是一個好的度量標準了。

group-think 群體思維：以群體模式來思考或做出決策的做法，這通常會導致無可質疑且品質低落的決策產出。

grue paradox 藍綠悖論：一個哲學問題，是關於歸納推理的證成，以及關於根據過去觀察預測未來觀察的問題。

Hamming code 漢明碼：一組錯誤更正碼，它可以偵測並校正傳輸的數據資料中含有的錯誤。

Heisenberg's uncertainty principle 海森堡測不準原理：量子力學中的一個基本理論，指出不可能同時知道粒子準確的位置和準確的速度。一個屬性測量得越精準，另一個屬性就越無法精準地控制、測定或得知。

human leukocyte antigen 人類白血球抗原（HLA）：是編碼細胞表面蛋白的基因，對免疫系統的識別極其重要，是在器官移植上的決定性的因子，並與自體免疫疾病有關。

hypothesis 假說：對某一現象所提出的解釋，通常用來做為進一步研究的起點。

inelastically demanded goods 需求無彈性的商品：消費者的需求對於價格變動反應很小的商品。

Jevons paradox 傑文斯悖論：說明科技的進步可以提高資源利用的效率，進而增加了資源的消耗率。

Laffer curve 拉弗曲線：稅率與稅收之間關係的一種表示法。

liar's paradox 說謊者悖論：一種自相矛盾的陳述，典型的形式為「此陳述為假」。如果此陳述為真，則此陳述必定為假，從而產生矛盾。

loss aversion bias 損失規避偏差：寧可避免損失而不願取得等值收益的一種傾向。

machine learning algorithm 機器學習演算法：電腦從數據資料中學習並做出決策或預測時遵循的一個程序或一組規則。

Menger sponge 門格海綿：一種三維碎形曲線。它是一個立方體，以去除中心和角的方式遞迴地細分為更小的立方體。結果會是一個高度多孔的物體，有無限大的表面積，而體積的極限為零。

mutually assured destruction 相互保證毀滅（MAD）：一個軍事戰略的信條，即敵對雙方全面使用核武將導致雙方的徹底毀滅。

NAND Gate 反及閘：一種數位邏輯閘。若且唯若其所有輸入皆為真時，其輸出為假。

Nash equilibrium 納許均衡：賽局論中的一種均衡情況，是指在考慮到對手的策略後，參與者將繼續執行其選擇的策略，沒有動機去偏離該策略。

nihilism 虛無主義：此哲學觀點顯示出對生命中有意義的面向缺乏信念。

NOR Gate 反或閘：一種數位邏輯閘。若且唯若其所有輸入皆為假時，其輸出為真。

paradox of competition 競爭悖論：競爭加劇有時會導致整體競爭力下降。

parity bits 奇偶校驗位元：使用於數位網路和儲存設備的一種簡單形式的錯誤偵測碼，用於偵測原始資料的意外變更。

Parrondo's paradox 帕隆多悖論：賽局論中的一種悖論，即兩種失敗的策略結合起來，以創造出一種獲勝的預期。

plebiscite 公民投票：由全體選民就重要公共議題（例如修改憲法）進行的一種直接投票。

principle of explosion 爆炸原理：傳統邏輯中的一個原理，即透過一個矛盾，任何陳述皆可被證明為真。

prosecutor's fallacy 檢察官謬誤：一種邏輯謬誤，其將相符的可能性（如DNA證據）等同於有罪的可能性，而不考慮其他因素。

Russell's paradox 羅素悖論：此悖論是在探問，一個由所有不包含自己的集合所構成的集合，是否包含它自己。

Schrödinger's cat 薛丁格的貓：說明量子力學中疊加態概念的一個思想實驗。

shifting the burden of proof 轉移舉證責任：一種謬誤，即在沒有證據支持某一主張的情況下，將舉證責任轉移到質疑或反駁該主張的人身上。

Simpson's paradox 辛普森悖論：統計學中的一種現象，即在不同組數據資料中出現了一種趨勢，然而當這些組資料結合起來時，該趨勢便消失或逆轉。

single transferable vote 單一可轉移投票制（STV）：在多席位組織或選區中進行排序投票，以此方式來實現比例代表制的一種投票制度。

slippery slope fallacy 滑坡謬誤：一種謬誤論證，認為一項不重要的行動將導致重大且往往荒謬的後果。

St. Petersburg paradox 聖彼得堡悖論：決策理論中的一個悖論，說明即使預期收益無限，也反直覺地僅有少數人願意支付即使僅需少量費用就能去玩一個賽局遊戲。

strawman argument 稻草人論證：扭曲某人的論點，以使得攻擊或反駁它變得較容易。

sunk cost bias / sunk cost fallacy 沉沒成本偏誤／沉沒成本謬誤：一旦投入了金錢、精力或時間，就會繼續努力下去的傾向。

survivorship bias 倖存者偏差：關注過程中倖存的主體而忽略那些未能倖存者，從而得出錯誤的結論。

tactical voting 策略性投票：投票給某位候選人不是因為支持他，而是為了阻止另一名候選人獲勝。

tautology 恆真句：必然為真或因其邏輯形式而為真的陳述或論證。

trolley problem 電車難題：倫理學和心理學中的一個思想實驗，涉及犧牲一個人的性命來拯救其他人的道德兩難。

Turing Labyrinth 圖靈模式：由圖靈類型的反應擴散模型所產生的一種迷宮圖案。

Turing test 圖靈測試：一種對機器能力的測試，測試其是否能夠表現出與人類相當或無法區別的智慧行為。如果評估者（人類）無法可靠地分辨機器和人類，則測試通過。

Will Rogers phenomenon 威爾・羅傑斯現象：將一成員從一個集合移到另一個集合時，兩個集合的平均值都因此上升。

XOR Gate 互斥或閘：一種數位邏輯閘。若且唯若其輸入為真的數量是奇數時，其輸出為真。

Zeno's paradox 芝諾悖論：一系列共有四個悖論，在於處理連續空間和時間的反直覺本質。

zero-knowledge proof 零知識證明：密碼學中的一種方法。透過這種方法，一方（證明者）可以向另一方（驗證者）證明他們知道一個值 x，而不傳達除了他們知道值 x 以外的任何資訊。

zero-sum bias 零和偏見：相信某種情況就像是一場零和遊戲，即當中一個人的收益就是另一人的損失。

Zipf's law 齊夫定律：一個依據經驗的定律，指出在許多類型的資料集當中，任何字詞出現的頻率都與其在頻率表中的排名成反比。

關於作者

伊納瓦姆西・埃納甘提（Inavamsi Enaganti）是即將成立的印度頂尖科學中心（Param Science Centre）的主任、清奈數學研究所（CMI）和紐約大學（NYU）的校友，有著永不滿足的好奇心。從創業起步、瘋狂研究、智庫以及非政府組織的大膽冒險以來，他致力於追尋真實世界的真相。他十五歲時出版的第一本書《無意義之理論》（*The Theory of Nonsense*）開啟了他破解世界密碼的旅程。他受到強烈的欲望驅使，想在有生之年揭開真實世界的奧祕，將人類文明推到頂峰。他的心隨著宇宙的韻律跳動——渴望見證人類社會的瘋狂或建造一座漂浮的城市，更希望能為人類鋪一條與外星文明相遇之路。這不僅僅是一份工作；以「你只活一次」（YOLO）的哲學，真正享受人生是他的偉大探索。

妮維蒂塔・甘尼許（Nivedita Ganesh）是一名初露頭角的年輕變革家，一位自詡屬於未來的女性。白天她在商業和銀行業的企業叢林中穿梭，晚上則是一位音樂鑑賞家、古典舞者和大提琴手，以及兼職狂熱的反烏托邦小說讀者。身為一位具有深厚學術根基的特立獨行者，並曾在四個不同的國家生活過，她是連結東方與西方以及藝術與科學的橋梁。她擁有清奈數學研究所（CMI）和印度理工學院馬德拉斯分校（IITM）的數學與電腦科學學士學位（榮譽），以及紐約大學（NYU）的計算、創業與創新碩士學位。

巴德・米什拉（Bud Mishra）是紐約大學（NYU）、冷泉港實驗室（CSHL）以及西奈山伊坎醫學院（MSSM）的電腦科學、數學、細胞生物學和人類遺傳學教授。他也是一位企業家、發明家以及年輕改革者和新創公司的導師。在新冠疫情爆發後，一大群由多個國家、多個學門的技術專家所組成的團隊，在巴德的領導下成立了新冠處方（RxCovea）團隊；新冠處方仍保持活躍，並培訓許多年輕發明家使用由假說驅動的最小可行產品（MVP），以及在MVP失敗時的反覆調整，以此便宜又快速地解決棘手問題，最終進行合比例的規模化。巴德是國際電機電子學會（IEEE）、美國計算機協會（ACM）、美國科學促進協會（AAAS）的會士，是美國國家發明家科學院（NAI）和歐洲創新聯盟（EAI）的院士，是印度理工學院（克勒格布爾）的傑出校友以及紐約州科學、技術和學術研究辦公室（NYSTAR）的特聘教授。目前專注於研究粒線體的內共生與其在老化、癌症和神經退化中的角色，以及利用奈米映射技術檢測粒線體的異質性。

來自插畫家的注解

亞歷山大・盧（Alexander Lu）：我確信你此時一定想知道為何我選擇投入這麼多時間和精力來為這本數學教科書畫插圖。同學們，這就是一個**沉沒成本謬誤**的真實生活案例，此現象是指一個人因為已經大量投入其中而不願放棄一項策略或一個行動的進程，即使是在放棄顯然會更有利的時候。好吧，是啦，我是從網路上把定義複製下來的，但依然適用於此。何況，你搞不好用了人工智慧來寫你的程式作業。你想從我這裡得到什麼呢？我可不是個作家。

鷹之喙 10

惡作劇數學：
關於小丑、柔身術演員、宮廷弄臣的短篇故事

The Mischief of Math : Short Stories of Clowns, Contortionists, and Court-Jesters

作　　者　伊納瓦姆西・埃納甘提（Inavamsi Enaganti），
　　　　　妮維蒂塔・甘尼許（Nivedita Ganesh），
　　　　　巴德・米什拉（Bud Mishra）
插　　畫　亞歷山大・盧（Alexander Lu）
譯　　者　鄧景元

總 編 輯　成怡夏
責任編輯　成怡夏
行銷總監　蔡慧華
封面設計　莊謹銘
內頁排版　宸遠彩藝

出　　版　遠足文化事業有限公司 鷹出版
發　　行　遠足文化事業股份有限公司（讀書共和國出版集團）
　　　　　231 新北市新店區民權路 108 之 2 號 9 樓
　　　　　客服信箱 gusa0601@gmail.com
　　　　　電話 02-22181417
　　　　　傳真 02-86611891
　　　　　客服專線 0800-221029

法律顧問　華洋法律事務所 蘇文生律師
印　　刷　成陽印刷股份有限公司

初　　版　2025 年 8 月
定　　價　420 元
I S B N　978-626-7759-00-4
　　　　　978-626-7255-98-8（EPUB）
　　　　　978-626-7255-99-5（PDF）

國家圖書館出版品預行編目 (CIP) 資料

惡作劇數學 : 關於小丑、柔身術演員、宮廷弄臣的短篇故事 / 伊納瓦姆西 . 埃納甘提 (Inavamsi Enaganti), 妮維蒂塔 . 甘尼許 (Nivedita Ganesh), 巴德 . 米什拉 (Bud Mishra) 作 ; 鄧景元譯 . -- 初版 . -- 新北市 : 鷹出版 : 遠足文化事業股份有限公司發行 , 2025.08
　面； 公分 . -- (鷹之喙 ; 10)
譯自 : The mischief of math : short stories of clowns, contortionists, and court-jesters.
ISBN 978-626-7759-00-4(平裝)

1. CST: 數學　2. CST: 邏輯　3. CST: 通俗作品

310　114007541